浙东地区
主要粮油作物栽培技术

顾国伟　周红海　主编

中国农业科学技术出版社

图书在版编目（CIP）数据

浙东地区主要粮油作物栽培技术 / 顾国伟，周红海主编．--北京：中国农业科学技术出版社，2021.12

ISBN 978-7-5116-5597-4

Ⅰ.①浙… Ⅱ.①顾…②周… Ⅲ.①粮食作物-栽培技术②油料作物-栽培技术 Ⅳ.①S51②S565

中国版本图书馆 CIP 数据核字（2021）第 252435 号

责任编辑 王惟萍
责任校对 马广洋
责任印制 姜义伟 王思文

出 版 者 中国农业科学技术出版社
北京市中关村南大街 12 号 邮编：100081
电　　话 (010)82106643(编辑室) (010)82109702(发行部)
(010)82109709(读者服务部)
传　　真 (010)82109698
网　　址 http://www. castp. cn
经 销 者 各地新华书店
印 刷 者 北京建宏印刷有限公司
开　　本 148 mm×210 mm 1/32
印　　张 5
字　　数 121 千字
版　　次 2021 年 12 月第 1 版 2021 年 12 月第 1 次印刷
定　　价 46.80 元

编　委　会

主　编： 顾国伟　周红海

副主编： 冯新军　凌小明　杨伟斌　应小军

编　者（按姓氏拼音排序）

包玉婷　冯新军　顾国伟　胡铁军

凌小明　陆军良　汪少敏　谢　蓉

杨伟斌　应小军　袁忠勤　周红海

前　言

浙东地区主要包括宁波、绍兴、舟山、台州等4个地级市，经济发达，气候条件接近，土壤情况相似，农业资源丰富，是浙江省重要的“粮仓”。余姚市在行政上隶属宁波市管辖，荣获2020年度浙江省“产粮大县”称号。

余姚市粮油作物生产的历史悠久，自然条件优越，主要粮油产区包括马渚镇、牟山镇、黄家埠镇、朗霞街道、低塘街道、阳明街道、临山镇、陆埠镇和三七市镇。余姚市在浙东地区的农业生产上具有很强的代表性，因此本书选取余姚市作为典型代表来论述浙东地区粮油作物的栽培技术。

全书共四章，第一章为总述，第二章至第四章分别论述了水稻、小麦、油菜等作物的生物学特性以及栽培技术。本书编者长期从事农业技术推广一线工作，其中8位具有高级农艺师职称，3位具有农艺师职称，在实践过程中积累了大量的粮油作物栽培技术试验、研究方面的数据和经验，希望通过编写本书为广大农技推广人员和农户提供一定的技术参考。

在编写本书的过程中得到了余姚市农业农村局和有关部门领导、专家的关心和支持，在此向他们以及参考的图书、论文、资料的作者表示衷心的感谢。

本书由余姚市农业技术推广服务总站的顾国伟和周红海主编。由于编写时间有限，作者专业水平和经验有限，编写过程中难免出现缺点和不足，敬请广大读者对本书提出宝贵的意见和建议。

编　者

2020 年 10 月 9 日

目　　录

第一章　总述 …………………………………………………………1
第二章　水稻 …………………………………………………………3
第一节　概述 …………………………………………………………3
第二节　形态结构 ……………………………………………………5
第三节　生育特性 ……………………………………………………10
第四节　环境要求 ……………………………………………………14
第五节　生产调查 ……………………………………………………16
第六节　需肥特性 ……………………………………………………20
第七节　主推品种特点 ………………………………………………21
第八节　绿色高效栽培技术 …………………………………………43
第三章　小麦 …………………………………………………………80
第一节　概述 …………………………………………………………80
第二节　形态结构 ……………………………………………………81
第三节　生育特性 ……………………………………………………85
第四节　生产调查 ……………………………………………………86
第五节　需肥特性 ……………………………………………………88
第六节　主推品种特点 ………………………………………………89
第七节　绿色高效栽培技术 …………………………………………91

第四章　油菜 ……97
第一节　概述 ……97
第二节　形态结构 ……98
第三节　生育特性 ……103
第四节　生产调查 ……105
第五节　需肥特性 ……107
第六节　主推品种特点 ……108
第七节　绿色高效栽培技术 ……111
参考文献 ……114
附录 ……115
附录 1　余姚市早稻（抛秧）高产栽培技术模式图 ……115
附录 2　余姚市早稻（机插）高产栽培技术模式图 ……116
附录 3　余姚市连作晚稻（抛秧）高产栽培技术模式图 ……117
附录 4　余姚市连作晚稻（机插）高产栽培技术模式图 ……118
附录 5　余姚市单季晚稻（直播）高产栽培技术模式图 ……119
附录 6　余姚市单季晚稻（机插）高产栽培技术模式图 ……120
附录 7　余姚市小麦高产栽培技术模式图 ……121
附录 8　2020 年余姚市病虫情报 ……122

第一章　总　述

余姚市位于浙江省宁绍平原，东经 120°~122°，北纬 29°~31°。地处长江三角洲南翼，东与宁波市江北区、鄞州区相邻，南接四明山，北临杭州湾新区，与奉化区、嵊州市接壤，西连绍兴市上虞区，西北与钱塘江、杭州湾中心线和海盐县交界。全市区域面积 1 500. 8 km^2。余姚市下辖 14 个镇、1 个乡、6 个街道，2019 年农村户数 28. 38 万，农村人口 85. 65 万，农村劳动力资源数 56. 3 万，农村从业人员数 49. 36 万。

余姚市土壤类型多样，北部沿海地区以盐碱地为主，中部平原地区土壤为水稻土，而南部四明山区域山地主要为红、黄壤，整个区域内适合包括水稻、大麦、小麦、油菜等多种不同大宗农作物在内的多种作物的生长。余姚江两岸平原地区在古时候就盛产稻米、蚕桑等农产品，而余姚江两岸的低缓山地又十分适合种植杨梅，至明清民国，由南至北，产业依次为水稻、大麦、小麦、油菜、杨梅、棉花等。7 000多年前河姆渡时期已能种植水稻，新近发掘的余姚井头山遗址也发现了 8 000多年前种植水稻的遗迹，2020 年发掘的施岙遗址发现大规模史前古稻田，起源年代有可能早至距今 6 000年以上。

地处北亚热带季风气候区域的余姚，常年阳光充沛，雨量丰富，温暖湿润，四季分明，非常利于农作物生长。但是由于地处浙东沿海地区和梅雨带，时常受到台风和洪涝灾害的侵袭，对农作物的产量和品质造成不利影响。3—4 月的“倒春寒”易影响处于生长期的水稻幼苗、大麦、小麦和油菜。

历年来，中央以及各级地方政府高度重视粮食和油料作物的生产，余姚市认真落实有关文件精神，深入领会“藏粮于地、藏粮于技”的要求，积极运用适宜绿色高效农业技术，粮油作物生产稳步推进。根据 2019 年的统计数据，余姚市农业产值 52. 1 亿元，其中粮食作物 5. 73 亿元，油料作物 0. 46 亿元；农作物播种面积 5. 31 万 hm^2，粮食作物播种面积 2. 71 万 hm^2，粮食作物总产量 17. 43 万 t，油料作物播种面积 0. 13 万 hm^2，油料作物总产量 0. 41 万 t，油菜播种面积 0. 1 万 hm^2，油菜总产量 0. 26 万 t。

第二章　水　　稻

第一节　概　　述

水稻是稻属谷类作物，隶属禾本科，代表种为稻（学名：*Oryza sativa* L.）。水稻原产于中国和印度。2013 年，距今 8 000 年的余姚市井头山遗址被发现，从中挖掘出了早期稻作遗存，从出土的水稻小穗轴、稻谷壳、炭化米中，专家推测当时的先民已经开始种植并食用大米，加上 20 世纪 70 年代发掘的余姚河姆渡遗址，进一步证明余姚是中华民族稻作文化的发祥地之一。

我国是世界上最大的水稻生产和消费国之一，种植面积约占世界水稻面积的 1/4，仅次于印度，但是印度单产水平低，总产量少于我国。水稻是我国的主要粮食作物之一，与其他作物相比更具有经济效益，年产量约占中国粮食总产量的 1/3，占世界稻谷总产量的 1/3，居世界第一。全国有超过一半的人口以稻米为主食，其中包括余姚市所在的浙东地区。水稻的生长发育环境和种植技术措施复杂、耕作栽培制度精细、生产环节多、栽培季节性强、栽培所需劳动强度大、用工量多，研究和讨论水稻栽培技术意义重大。

水稻分为籼稻、粳稻和糯稻三类。根据籼稻的收获季节，又分为早籼稻和晚籼稻两种。籼稻籽粒细而长，呈长椭圆形或细长形。籽粒强度小，耐压性能差，加工时容易产生碎米，出米率较低，米饭胀性较大，而黏性较小。根据粳稻的收获季节，分为早粳稻和晚粳稻两种。粳稻籽粒阔而短，较厚，呈椭圆形或卵圆形。籽粒强度大，耐压性能好，加工时不易产生碎米，出米率较高，米饭胀性较小，而黏性较大。糯稻分为籼糯稻和粳糯稻两种。粳糯和籼糯的粒形分别与粳稻和籼稻相似，米粒均呈蜡白色，不透明或半透明。米饭黏性特别大，而胀性特别小，用于食品加工业的较多。

我国幅员辽阔、地形复杂，又具有季风气候和大陆性气候的特点，使我国拥有丰富的水稻气候资源，同时又有许多限制水稻生产的因素，因而形成了我国水稻分布的区域性和不连续性的区域特征。凡有水源的地区，又同时满足以下 2 项热量指标，均可种植水稻：①日平均气温稳定在 10 ℃以上的天数大于 110 d；②日平均气温稳定在 18 ℃以上的天数大于 30 d。满足①和②的地区都可种植水稻。余姚市地处长江中下游，位于我国双季稻主栽区，水热充沛，双季稻和单季晚稻都适宜种植，其中早稻以常规籼稻为主；连作晚稻以常规粳稻为主，少部分为杂交稻；单季晚稻中既有常规粳稻，也有籼粳超级杂交稻；山区以单季杂交中籼稻为主。

近年来，余姚市早稻和连作晚稻种植面积 7 万~8 万亩（1 亩≈667m^2，15 亩=1hm^2，全书同），单季晚稻种植面积 15 万~16 万亩。产量稳中有升：早稻亩产维持在 450 kg 以上，是 1949 年平均亩产 133. 5 kg 的 3. 37 倍多；晚稻亩产达 500 kg 以上，是 1949 年平均亩产 131. 5 kg 的 3. 80 倍。水稻产量的逐年提升，除了选育的新品种推陈出新外，适宜栽培技术的研究、应用和推广发挥了重要的作用。水稻“精确定量施肥”技术、水稻“两壮两高”栽培技术、水稻抛秧“四减四增”技术、单季晚稻“五改”技术、水稻“全程机械化”技术、直播水稻“一播全苗”技术、水稻“种肥同播”技术等，为余姚市的水稻绿色增产起到了至关重要的技术支撑作用。

第二节 形态结构

水稻植株的基本构成包括根、茎、叶、穗、花和果。总体而言，不同基因型的水稻在形态结构上基本相同，但是随着品种、栽培方法和气候条件等的变化，形态结构在量上会产生差异。如不同品种的水稻或者同一品种的水稻在不同栽培习惯和较大的气候条件差异下，根系的发育、分蘖数和有效穗数、主茎最终叶片数、结实率、千粒重和颖花数量等参数都会不一样，最终影响水稻的产量、口感、品质和耐储性等特征。了解水稻的形态结构，对于广大农户和农技推广工作者应用和推广“良种”“良法”“良田”，实现绿色增效大有裨益。

一、根

水稻根的解剖结构与其他单子叶植物十分相似，包括谷物作物。然而，水稻的根有不同于其他作物根的特征，根系较浅且紧密，部分原因是它通常在水下生长。水稻根系的发育与芽的发育同时进行发展。除胚根外，其他的根从种子区发育而来，随胚根的生长而生长，形成主根系统，主根长成浅。主根系统是暂时的，主要是对幼苗提供营养和水分。而次生根系则更具有永久性，起源于胚芽鞘的基部。在苗期，由不定根组成的次生根系统不发达，以不分枝为主。

最终的水稻根系由种子根、不定根和分枝根组成。此外，种子根和不定根，以及大多数侧根（至少达4级侧根）有根毛，那些也是根系的重要组成部分。水稻的根系由于发育时间先后跨度较大，因此整个体系是由几种不同年龄的根组成的。

稻根的颜色主要有白色、黄褐色和黑色，是根系生长情况和活动高低的重要标志。在实际生产中常常用根的颜色来鉴定和判断水稻植株的健康状况以及土壤肥力的变化情况。白根多意味着水稻生长旺盛健康，土壤肥力情况良好；根的黄色部分主要体现在老根和根基部；黑根多则表示水稻生长受阻或者土壤状况不良，如当土壤中缺少氧气时，往往表现为黑根。

二、茎

水稻的茎秆都由节和节间组成。节是茎的伸长区域，是叶鞘基部附着器官，它也是一个发生大量生长活动的地方，是几个分生组织区域之一。茎的生长是新细胞产生的结果，以及这些细胞的大小、特别是长度增加的结果。当节间开始形成时，叶绿素在茎节点下面的组织中积累。这样就会在那个组织中产生绿色。纵向切割茎通常会显示出叶绿素的积累作为一个带或环，提示节间延伸的开始。随后节和节间轮次发育生长。随着每个节间的形成和伸长，茎的长度和植物的高度都会增加。在所有的茎秆中都会发生节间的伸长，主茎通常是第1个形成节间的茎，也是第1个结束节间形成的茎。在分蘖中，节间的形成滞后于主茎。

稻茎具有支持、疏导和储藏的功能，与水稻的抗倒性、营养水分运输存储密不可分，在水稻产量和品质形成过程中起着十分重要的基础性作用。水稻节间的个数变幅较大，主要和其遗传背景相关，一般有 4～7 个。茎秆还是水稻叶片、分蘖、不定根生长的地方。茎秆顶部与穗连接的节称为穗颈节。

三、叶

水稻叶以互生的方式分别着生在茎秆上，每个节上一个。叶主要由叶鞘和叶片组成，叶鞘与叶片之间是连续的。叶鞘紧密包裹节间，叶片扁平无叶柄。叶片长度、宽度、面积、形状、颜色、角度差异大。位于稻穗下方最上面的叶是旗叶（剑叶）。旗叶在形状、大小和角度上通常与其他叶不同。不同品种的水稻总叶片数也通常不一样。叶片表面形成平行叶脉，背面最突出的部分为中脉。叶脉由表皮、薄壁组织、机械组织和维管束等组成，表皮由表皮细胞、茸毛、泡状组织和气孔构成。气孔的排列很整齐，同一植株位于上部的叶片气孔多于中下部，同一叶片中，上部的气孔也多于中下部，且正面多于背面。叶肉细胞中含有大量叶绿体，是水稻进行光合作用的主要部位。

除叶鞘和叶片外，叶还有附属物，包括叶耳、叶舌和叶枕。叶耳很小，成对，是耳状的附属物，存在于叶片基部的两侧。在叶片和叶鞘的交界处有一个膜质无绒毛的延伸物，即叶舌。叶舌的长度、颜色和形状因品种而异。用来连接叶片和叶鞘的部位称为叶枕。叶枕在叶片背面容易识别，呈现突起状。同一植株的叶耳、叶舌和叶枕在色素上有差异，这也导致叶枕的背侧、腹侧和外侧部分的颜色可能略有不同。老叶上的叶耳有时会衰老掉落。

主茎上的叶片数最多，分蘖上的叶片数随分蘖级别的增加而递减。秧苗基部的叶片被称为不完全叶，第 1 片真叶短小而偏圆形。水稻出叶速度与温度、品种、群体大小、病虫害发生状况的因素高度相关。余姚早稻出叶期间，温度相对较低，一般 7 d 左右出 1 片叶片；晚稻出叶期间，温度相对较高，出 1 片叶片的时间为 5 d 左右。

四、穗

稻穗为圆锥花序，由穗轴、一次枝梗、二次枝梗、小穗梗和小穗组成。穗颈节为最下 1 个穗节，每个穗节上着生 1 个枝梗。每个枝梗上着生若干个小穗梗，小穗梗末端着生 1 个小穗。稻株经适宜的日长诱导后，茎端生长点在生理和形态上发生转变，基部分化出第 1 苞原基，最后形成稻穗。幼穗开始分化时，首先在生长锥基部剑叶原基的对面分化出第 1 苞原基。第 1 苞即分化穗颈节，其上部就是穗轴，是生殖生长的起点。

接着在这些苞的腋部生出第 1 次枝梗。一次枝梗原基分化的顺序是由下而上，逐渐向生长锥顶端进行的，当分化达到生长锥顶端时，在苞着生处开始长出白色的苞毛，至此第 1 次枝梗原基分化结束。在第 1 次枝梗原基的下部相继出现第 2 次枝梗原基，而上部逐步出现颖花原基。第 2 次枝梗的基部密生较长的苞毛，被覆盖着幼穗和颖花。穗上部发育最快的颖花原基，在内外颖内又出现雌雄蕊原基，为外颖和内颖所包围。当最下部的二次枝梗上颖花的雌雄蕊原基分化完毕时，全穗最高颖花数已定。

随后，穗轴、枝梗开始迅速伸长，内外颖也伸长而相互合拢，雄蕊分化出花药和花丝，雌蕊分化出柱头、花柱和子房。至此，穗部各器官全部分化完毕，此后转入孕穗期。花粉母细胞经过连续两次的细胞分裂，形成四分体。颖花继续生长，四分体分散成为单核花粉粒。不久，体积迅速增大，随着花粉内容物的充实，单核经过分裂，形成二核花粉粒。此时颖壳叶绿素开始增加，柱头出现羽状突起，花粉内的生殖核又继续分裂成为三核花粉粒，至此花粉的发育全部完成，即将抽穗开花。

五、花

稻穗小枝梗末端着生小穗，即颖花。颖花量的多少是水稻产量的重要参数。颖花由内颖、外颖、鳞片、雄蕊和雌蕊等部分组成，水稻是自花授粉作物。每个颖花有 3 朵小花，只有上部 1 朵小花发育正常，下部 2 朵小花退化，各剩 1 个颖片，称为护颖。内外颖互相钩合而成谷壳，保护花的内部和米粒。外颖先端尖锐，称为颖尖（稃尖），或伸长成芒。颖壳内有 6 个雄蕊。花药有 4 室，内含很多黄色球形的花粉粒。雌蕊 1 个，位于颖花的中央，柱头分叉为二，各呈羽毛状。花柱非常短，子房呈棍棒状、1 室，内含胚珠，子房与外颖间有两个无色的肉质鳞片。

六、果

水稻的果实即谷粒，植物学上称颖果，俗称种子。谷粒外部的内颖、外颖构成谷壳，表皮常有颖毛。谷粒的大小以千粒重来表示，大粒种子千粒重 27~29 g，中粒种子千粒重 25~27 g，小粒种子千粒重 22~25 g。一般余姚的常规晚稻和糯稻为大粒种子，早籼稻为中粒种子，以甬优系列杂交稻为代表的单季晚稻为小粒种子。

除去内外颖就是糙米粒，糙米粒由果皮、种皮、胚、胚乳等部分组成。糙米粒颜色有白、乳白、红、紫等，米的色素在种皮内。胚乳在种皮之内，占米粒最大部分，由含淀粉的细胞组织构成，是精米的主要成分。稻米胚乳中不透明的部分称垩白，垩白率是鉴定米质的重要外观指标之一，而且对加工品质、蒸煮品质有很大影响。根据国家标准，一级优质米垩白粒率在10%以下，二级11%~20%，三级21%~30%，垩白粒率在30%以上为劣质米。垩白不透明是因为其淀粉粒排列疏松，颗粒间充气，引起光折射所致。按其发生部位可将垩白分为腹白、心白、背白。垩白的形成与稻米品种的遗传背景、灌浆期间的气候情况，特别是高温的影响有关。胚位于外颖内方的基部，它由胚芽、胚根、胚轴和子叶四部分组成，是新的有机体的原始体。

第三节 生育特性

一、水稻的生命周期

水稻属有性生殖，从种子发芽到下一代种子成熟为一个完整的世代。从播种至成熟的总天数称为水稻的全生育期，在同一地区、同一品种、相同栽培措施条件下，水稻的全生育期相对稳定。完整的水稻生长发育过程可分为3个阶段，第1阶段为营养生长阶段，包括种子萌发至幼穗开始，这个阶段发育形成根、茎、叶等营养器官；第2阶段为营养生长与生殖生长并存阶段，包括幼穗分化至抽穗，期间生长最后3片叶及稻穗形成，第3阶段为生殖生长阶段，包括抽穗至成熟，这个阶段经历水稻开花、乳熟、蜡熟、黄熟和完熟。

在生产上习惯把水稻的生长发育划分为营养生长和生殖生长2个时期。种子发芽、分蘖、根茎叶的生长为营养生长期，这个时期为进入到生殖生长期做好物质积累准备。营养生长期包括幼苗期和分蘖期。从胚萌动开始到3叶期为幼苗期；从4叶长出开始萌发分蘖直到拔节为止为分蘖期。移栽水稻通常在秧田度过幼苗期。秧苗移栽后，由于根系损伤，有一个地上部生长停滞和萌发新根的过程，称为返青期。返青后分蘖不断发生，到开始拔节时，分蘖数达到高峰，这时的苗数称为高峰苗。此后稻株发根节以上的节间开始伸长，称为拔节，到抽穗后4~7 d，拔节过程才完成。分蘖在拔节后向两极分化，一部分出生较早的继续生长，能抽穗结实，称为有效分蘖，而另一部分出生较迟的分蘖在拔节后中途死亡或不能抽穗，称为无效分蘖。在实际生产过程中，我们要求无效分蘖数尽量少，主要目的是通过控制无效群体来降低生产成本、减少病虫害发生、减小倒伏风险、从而最终实现增产增效。从开始分蘖到拔节前15 d发生的分蘖大都能成穗，称为有效分蘖期；拔节前15 d到拔节期间发生的分蘖多数不能成穗，称为无效分蘖期。

生殖生长期是结实器官的生长，包括稻穗的分化形成和开花结实，分为长穗期和结实期。实际上，从稻穗分化到抽穗是营养生长和生殖生长并进时期，抽穗后基本上是生殖生长期。长穗期从穗分化开始到抽穗止，一般需要30 d左右，生产上也常称为幼穗分化期，共分8个时期，群众总结每个时期的特点如下：一期看不见、二期苞毛现、三期毛丛丛、四期粒粒现、五期颖壳分、六期谷半长、七期穗微绿、八期即出线，分别对应生物学特点：苞原基分化期（2~3 d）、一次枝梗分化期（4~5 d）、二次枝梗及颖花原基分化期（2~3 d）、雌雄蕊形成期（4~5 d）、花粉母细胞形成期（2~3 d）、花粉母细胞减数分裂期（2 d）、花粉粒内容物充实期（7~8 d）、花粉粒充实完成期（3~4 d）。结实期从出穗开花到谷粒成熟，又可分为开花期、乳熟期、蜡熟期、黄熟期、完熟期。

事实上，营养生长和生殖生长的区分只是概念上的，作物在实际生长过程中是密切联系、不可分割的。营养生长为生殖生长提供营养体物质，生殖生长是营养生长的目的。前期营养生长不良，会导致有效穗数少、结实率低、穗型小、千粒重低，最终导致减产。但如果前期营养生长过旺，群体过大，后期生殖生长也会受阻，光合产物不能顺利向穗部转运，产量也会受到影响。水稻栽培很重要的一项任务，就是要通过肥水运筹协调营养生长和生殖生长的关系至相对合理的程度。

二、水稻的“三性”

水稻的发育特性是指影响稻株从营养生长向生殖生长转变的若干特性。这些特性主要表现为品种的感光性、感温性和基本营养生长性，称为水稻的“三性”，这是水稻遗传背景的反映，因此“三性”依品种而异。不同地区和不同栽培季节，水稻品种生育期的长短，从出苗到抽穗日数，基本是由品种“三性”的综合作用决定的。

1. 水稻品种的感光性

水稻发源于亚热带地区，属于典型的短日照植物。如果日照时间缩短，加速水稻发育进程转变，使生育期缩短；若日照时间延长，则可延缓发育进程转变，甚至不转变，使生育期延长或长期处于营养生长状态。在实践中，有时会有农户反映路灯照射范围内的晚稻抽穗慢，影响产量，就是由这个原因引起的。水稻这种因日照长短的改变而影响其发育进程，缩短或延长生育期的特点，被称为感光性。一般晚稻品种感光性强，是对日照长度反应敏感的类型；早稻品种感光性弱，对日长反应迟钝。

2. 水稻品种的感温性

在适合水稻生长发育的温度范围内，高温可加速其生育进程，提早进入生殖生长，使得生育期缩短；较低的温度可延缓其发育进程，延迟进入生殖生长，使生育期延长。水稻的这种因温度变化而改变其发育进程，缩短或延长生育期的特性，称为感温性。

3. 水稻的基本营养性

水稻的生殖生长是在内营养生长的基础上进行的，其发育转变必须有一定的营养生长作为物质基础。即便是水稻植株处在适于发育转变的短日、高温条件下，必须有最低限度的营养生长，才能开始幼穗分化进入生殖生长。水稻进行生殖生长之前，不会因短日、高温影响而缩短的所需的最短营养生长期，称为基本营养生长期。不同水稻品种的基本营养生长期，其长短各异。这种基本营养生长期的长短的差异特性，称为品种的基本营养性。实际营养生长期中受光周期和温度影响而缩短的那部分营养生长期，被称为可消营养生长期。感光性强的晚稻品种，可消营养生长期较长，而其基本营养生长期则较短；感光性较差的早稻品种，可消营养生长期较短，而其基本营养生长期则较长。

三、水稻发育转变的3种类型

水稻由营养生长期向生殖生长期转变的过程有3种类型：在拔节前分蘖尚未停止时，幼穗便开始分化，被称为重叠生育型，也就是在幼穗分化开始时，茎节的分蘖芽仍继续生长的类型。衔接型，在拔节的同时，分蘖停止，幼穗也开始分化，这种类型被称为衔接生育型。也就是营养生长结束，分蘖停止，拔节开始，幼穗分化即刻开始。拔节后分蘖停止若干天，才开始幼穗分化，这就是分离生育型。通常来讲，重叠生育现象在早稻中出现较多，衔接生育现象在连作晚稻中出现较多，而分离生育型在单季晚稻和余姚市山区的中稻上出现较多。

第四节 环境要求

一、对土壤的要求

水稻生产要求：①土地平整、排灌良好。沟渠路等方面进行统一规划，综合配套，田块大小适中，方向一致，土地平整，进水沟和出水沟分开，田面高低相差3 cm左右，目的是使水肥均匀分布；②蓄水渗水性能、保肥供肥能力良好，保持适宜的蓄水渗水性，既可以保证水稻生长必需的水分，又有利于搁田晒田，增加土壤氧气，降低土壤中有毒物质，促进水稻分蘖，土壤具有良好的物理空隙结构，确保土壤保持一定的肥力用以供应水稻生长；③耕作层深厚、土壤肥沃，深厚的耕作层主要是为了使土壤中有充足的肥水供应，促进水稻扎根、返青和根系的进一步生长，土壤中肥力要均衡，尤其要注意微量元素的供应；④有益微生物充足，有益微生物可以有效促使土壤中的氮、磷、钾等大量元素以及其他矿物质养料的分解及供应，从而增加土壤的肥力，余姚市适宜种植水稻的范围很广，平原、山区、滨海区域均可种植，只是滨海区域由于盐碱度相对较高，在栽培措施上部分有别于平原稻区，但是仍旧能获得稳产高产。

二、对温度的要求

水稻分蘖的最适温度30～32 ℃，当气温低于15 ℃或高于40 ℃时，分蘖发生受到抑制。在大田条件下，日平均气温20 ℃以上才能发生分蘖，因为分蘖的部位在土壤下，影响分蘖的不仅是气温，也包括土温。稻穗发育的最适温度30 ℃左右，最低温度17 ℃，最高温度42 ℃。昼温35 ℃和夜温25 ℃，对稻穗发育更为有利。温度相对较低时有利于大穗的形成，但是不能过低，幼穗分化期过低的温度容易导致颖花退化。水稻开花的最适温度为28～30 ℃，最高温度40～45 ℃，最低温度13～15 ℃。如果气温低于23 ℃或高于35 ℃，花药开裂就受影响。气温低于20 ℃，花药开裂散粉困难，花粉粒发芽慢，花粉管伸长迟缓；气温高于40 ℃，花药干枯，花粉管伸长不正常，导致受精不良。

三、对光照的要求

水稻分蘖期是确定水稻群体大小的重要时期，为了促进发根分蘖，需要充足的阳光提高光合强度。在自然光照下，返青活棵大约3 d后开始分蘖，光照减至自然光强的50%、20%时，分蘖期分别推迟8 d、10 d。当大田叶面积系数达到4.0～5.0时，群体密闭程度过大造成内部光照不足而使分蘖停止。孕穗期要求光照充足，如果遇到连阴雨天气，就会影响幼穗发育。抽穗扬花灌浆阶段，需要充足的光照产生光合同化产物，提高水稻的结实率和千粒重。

四、对水的要求

水稻一生需水量较大，从浸种催芽开始就需要水分。大田期既需水，又不能长期淹水，整体以湿润好气灌溉为宜。分蘖期供水不足，主茎对分蘖及分蘖芽的营养供应减少，不利于分蘖成长。但是分蘖中后期，当总苗数达到目标有效穗数的80%时，就需要通过搁田控制群体。穗分化期是水稻需水量最多的时期，尤其是花粉母细胞减数分裂期对水分最敏感。如果是孕穗期受淹时间过长，会出现畸形穗或颖花退化，其受害程度随淹水时间和深度的增加而增加。抽穗扬花期缺水，影响开花受精。灌浆期缺水，影响有机物输送，降低结实率和千粒重；但如长期深灌，土壤缺氧，则扎根浅，根活力和叶片同化能力变弱，稻株早衰，影响结实率和千粒重。水稻生长后期适宜“干干湿湿、活水到老”的原则。余姚市地处长江中下游地区，降水量充沛，境内大小水库众多，在正常情况下都能满足水稻生长所需的水量。

第五节 生 产 调 查

水稻全生育期间，需要对多个参数进行调查、计算和记录，这些参数不仅可以帮助农技人员及时掌握水稻生长和生产动态，也有利于农户根据相关参数及时调整生产措施，有利于水稻的稳产高产。水稻生产调查的主要参数如下（表1、表2、表3）。

一、室外调查参数

基本苗：移栽返青后（直播稻为分蘖产生前）每亩的苗数。

最高苗数：在插秧返青后，每周数1次总分蘖数，至分蘖数下降时为止，得出最高分蘖数。

最高苗数时期：达最高分苗数的日期。

有效穗：每田/处理选取有代表性的3个点，每点连续数10丛有效穗，取单丛有效穗数与本点平均丛有效穗数相近的1丛稻株，连根拔起，进行室内考察，每田/处理室内共考察3丛；直播和抛栽田块每点考察0.5 m^2；折算成每亩穗数。

成穗率：考察分蘖观察点丛的有效穗数（实粒数少于5粒除外），除以最高峰期茎蘖数。

始穗期：全田/处理10%的植株抽穗的日期。

齐穗期：全田/处理80%的植株抽穗的日期。

成熟期：早稻90%以上穗的穗轴变黄时为成熟期；晚稻全部变黄时为成熟期。

全生育期：从播种后1 d至成熟期的天数。

株高（cm）：由分蘖节量至最高茎穗的顶端（芒不计算在内）。

实产（kg/亩）：指实收晒干扬净的标准水分稻谷的亩重量。

二、室内调查参数

叶挺长：由苗的基部量至新叶以下的叶耳处的长度。

基部宽（cm）：任取20根秧苗，每10根平放紧靠在一起，测量秧苗基部最宽处，得出平均值。

百株干重（g）：任取100株秧苗，除根系外地上部干物质重量。

成秧率（%）：单位面积内的成秧数（除去缩脚苗）/（单

位面积内总谷粒数×发芽率）×100。

千粒重：以晒干扬净的籽粒为标准，混匀样品和分样后，任取千粒重称其重量，以2次重量相差不大于其平均值的3%为准，按标准水分折算千粒重，其中早稻和晚稻的标准水分分别为13.5%和14.5%。

穗粒数：每田/处理随机取30穗，计算每穗总粒数和每穗实粒数以及结实率。

穗长（cm）：由穗颈节量至穗顶（不连芒），指单株上所有穗的平均长度。

另外还需要详细记录所用品种、种植地点、施肥和用药情况，搁田时间及程度等。

表1　秧苗素质考察表

处理/田块	调查参数					
	苗高/cm	叶挺长/cm	总叶数/片	绿叶数/片	根数/根	白根数/根

处理/田块	调查参数					
	基部宽/cm	百株鲜重/g	百株干重/g	发芽率/%	缩脚苗占比/%	成秧率/%

表 2　苗情调查表　　　　单位：万/亩

处理/田块	日期（月/日）						

表 3　试验汇总表

处理/田块	苗（穗）数					全生育期/d	生育期/（月/日）				
	基本苗	最高苗		有效穗/(万/亩)	成穗率/%		播种期	移栽期	始穗期	齐穗期	成熟期
		数量/(万/亩)	日期/(月/日)								

株高/cm	穗部性状					实产/(kg/亩)
	穗长/cm	每穗总粒	每穗实粒	结实率/%	千粒重/g	

第六节 需 肥 特 性

水稻一生要从土壤中吸收一定数量的大量元素（氮、磷、钾）、中量元素（硅、硫、钙、镁）和微量元素（铁、锰、锌、铜、钼、硼、氯），否则无法正常生长。农户在日常施用的肥料中，以大量元素为主，近年来对中量和微量元素的重视程度也在逐步加强。据浙江省（亩产 450 kg 以上）的水稻施肥量统计，亩施纯氮 11.1~16.9 kg，五氧化二磷 5.2~6.5 kg，氧化钾 4.7~8.9 kg，氮磷钾之比约为 1：0.4：0.45，余姚市的水稻氮磷钾用量之比约为 2：1：(1~1.5)，与浙江省的统计情况基本一致。

水稻对氮素的吸收量在分蘖高峰期和抽穗扬花期达到高峰。施用氮肥能提高淀粉的产量，而淀粉的产量与水稻籽粒的大小、产量的高低、米质的优劣成正相关。如果抽穗前供氮不足，就会造成籽粒营养减少，灌浆不足，降低稻米品质。水稻对磷素的吸收在其各生育期差异不大，吸收量最大的时期是分蘖至幼穗分化期。磷肥能促进根系发育和养分吸收，增强分蘖，增加淀粉合成，促进灌浆。水稻对钾的吸收，主要是穗分化至抽穗开花期，其次是分蘖至穗分化期。钾是淀粉、纤维素的合成和体内运输时必需的营养，能提高根的活力、延缓叶片衰老、增强抵御病虫害的能力。水稻受洪涝等灾害后，也常用磷酸二氢钾作为叶面肥喷施进行抗灾救灾。

另外，硅和锌两种肥料能够较大地影响水稻的产量和品质。根据研究，水稻茎秆和叶片中含有 10%~20%的二氧化硅，施用硅肥能增强水稻对病虫害的抵抗能力，也可以提高植株抗倒伏能力，最终起到增产的作用，并能提高稻米品质；施用锌肥能增加水稻有效穗数、每穗粒数、千粒重、结实率，起到增产作用，尤其在碱性土壤上作用更明显。硅、锌肥施用在新改水田以及冷浸田中效果显著。

第七节 主推品种特点

一、早稻品种

1. 中早 39

中早 39 是由嘉育 253/中组 3 号选育而成的水稻品种，育种单位为中国水稻研究所，属中熟早籼品种。2009 年通过浙江省品种审定（浙审稻 2009039），2012 年通过国家品种审定（国审稻 2012015）。

该品种为常规水稻品种。在长江中下游适宜作早稻种植，全生育期 112 d 左右，比对照株两优 819 稍长。每亩有效穗数 20 万左右，穗长 18 cm，株高约 82 cm，千粒重 26 g 左右，平均每穗总粒数 125 粒，结实率 85%上下。垩白率 98%，垩白度 23%左右，整精米率 70%左右，长宽比约为 2，直链淀粉含量约 24%，胶稠度 48 mm。感白叶枯病，中感稻瘟病，高感白背飞虱和褐飞虱。

2009 年参加长江中下游早籼早中熟组区试，产量 507.8 kg/亩；2010 年继续试验，产量 458.1 kg/亩。2 年区域试验平均产量 482.9 kg/亩，比对照产量高 3.1%。2011 年参加生产试验，产量 523.7 kg/亩，比对照产量高 6.1%。

余姚市2008年引入试种，2009—2010年示范，已连续多年成为余姚市早稻当家品种。主要表现：耐肥抗倒力强，株型松散度适中，稻瘟病抗性良好，后期熟色好，熟期适中，年度间结实率高而稳定，产量较高，一般亩产500 kg左右。缺点：分蘖力一般，恶苗病重。余姚市适宜作抛秧、直播、机插栽培。

2. 甬籼15

甬籼15由宁波市农业科学研究院、舟山市农业科学研究所联合选育，属早籼早熟品种，来源为嘉育293//鉴8/杭931///嘉育143。2008年通过浙江省品种审定（浙审稻2008024）。

该品种属半矮生型，株型紧凑，叶色淡绿，叶较挺，灌浆速度快，青秆黄熟，谷粒偏圆，着粒比较稀。区域试验表明，全生育期108 d左右，比对照短将近3 d；亩有效穗约23.5万，成穗率80%上下，株高和穗长分别为75 cm和18 cm左右，千粒重约为25.5 g，每穗总粒数、实粒数、结实率分别为约100粒、90粒、90%。垩白率100.0%，垩白度约30%，整精米率50%左右，长宽比2.3，胶稠度60.0 mm，直链淀粉含量26.0%，透明度3.5级，属等外等级。穗瘟6.5级，叶瘟0.5级，穗瘟损失率15%左右，白叶枯病6.5级。

甬籼15经2006年宁波市早籼稻区域试验，产量489.0 kg/亩，比对照产量低4.2%，达极显著水平；2007年宁波市早籼稻区试，平均产量455.2 kg/亩，比对照产量低1.7%，未达显著水平。2年区试平均产量472.1 kg/亩，比对照产量低2.95%。2008年宁波市生产试验，平均产量452.4 kg/亩，比对照产量高4.5%。

该品种在余姚表现如下：起发快，生育期短、成熟早，苗期耐寒性好，余姚市一般在4月初播种，7月20日前成熟，直播栽培4月15日左右播种，7月20日左右成熟，稻瘟病抗性较好。缺点：后期纹枯病相对较重，落粒性也比较强，分蘖较弱，亩有效穗少，产量水平也相对较低，一般亩产在450 kg左右。该品种主要作为早稻大户、机械服务大户调剂季节、劳力的品种。同时，种植该品种后使连晚插种时间提早，晚稻产量明显提高，全年水稻亩产仍保持一定水平。适宜在余姚作直播、抛秧、机插栽培。

3. 中嘉早17

中嘉早17是中国水稻研究所和嘉兴市农业科学研究院联合选育的中熟早籼品种，来源为中选181/嘉育253。2008年通过浙江省品种审定（浙审稻2008022），2009年通过全国品种审定（国审稻2009008）。

该品种属常规水稻。在长江中下游作双季早稻种植，全生育期平均110 d左右。株型适中，熟期转色好，叶宽挺，茎秆粗壮，株高大约88 cm，每亩有效穗数约21万穗，千粒重约26.5 g，每穗总粒数122~123粒，穗长18 cm左右，结实率83%左右。垩白粒率96%，垩白度约18%，整精米率67%左右，长宽比2.2，直链淀粉含量26%左右，胶稠度77 mm。稻瘟病综合指数5.7级，穗瘟损失率最高9.0级，白背飞虱7.0级，褐飞虱9.0级，白叶枯病7.0级。

2007年参加长江中下游早中熟早籼组品种区试，产量531.4 kg/亩，比对照浙733产量高10.5%；2008年继续试验，产量503.9 kg/亩，比对照浙733产量高7.7%；2年区试平均产量517.6 kg/亩，比对照产量高9.1%；2008年生产试验，产量517.9 kg/亩，比对照产量高14.7%。

在余姚市的主要表现如下：分蘖力一般；熟期比中早 39 迟 1 d左右；结实率较高；穗型较大，比中早 39 大；产量水平与中早 39 相仿。在余姚市适宜作抛秧、直播、机插栽培，建议作机插栽培发挥大穗优势。

4. 中组 143

中组 143 是由中国水稻研究所选育的籼型常规水稻，来源为中早 39/台早 733，适宜在浙江省作早稻种植。2018 年通过浙江省审定（浙审稻 2018003）。

该品种分蘖力中等，茎秆坚韧，剑叶挺直，叶下禾，叶色淡绿，穗大粒多，结实率高，稃尖无色、无芒。2 年浙江省区域试验全生育期 112 d 左右，比对照短 1 d 左右。株高约 88. 5 cm，每亩有效穗约 18 万穗，千粒重 25 g 左右，每穗总粒数 137 粒上下，实粒数 118 粒左右，结实率约 86%。

经农业部稻米及制品质量监督检测中心（杭州）2015—2016 年检测，长宽比 2. 0，平均整精米率 45. 3%，垩白度 13. 6%，透明度 4 级，垩白粒率 86. 0%，直链淀粉含量 25. 4%，胶稠度 61 mm，米质为普通等级。经 2015—2016 年抗性鉴定，穗瘟综合指数为 5. 3，损失率最高 5. 0 级，中感；白叶枯病高感，最高为 9. 0 级。

经 2015 年浙江省早籼稻区域试验，产量 512. 0 kg/亩，比对照产量高 1. 4%，未达显著水平；2016 年继续试验，产量 540. 3 kg/亩，比对照产量高 2. 6%，未达显著水平。2 年浙江省区域试验平均产量 526. 2 kg/亩，比对照产量高 2. 0%。2017 年浙江省生产试验产量 570. 6 kg/亩，比对照产量高 3. 4%。

该品种属早、中熟常规早籼稻，在余姚市的表现如下：田间生长整齐一致，株高适中，长势繁茂，后期青秆黄熟，转色好，谷色黄亮，丰产性好，平均亩产 500 kg 左右。适宜在余姚作直播、机插栽培。

5. 甬籼 69

甬籼 69 由宁波市农业科学研究院选育，属于籼型常规水稻，适宜在浙江省作早稻种植，来源为嘉育 143/G95-40-3，2007 年浙江省审定（浙审稻 2007026）。

该品种株型紧凑，叶色较绿，剑叶挺笃，叶下禾，穗弯，穗型较大，谷粒为短圆。2 年浙江省区域试验全生育期 108 d 左右，比对照长 0.5 d 左右；株高 79 cm 左右，穗长约 18 cm，有效穗约 21 万穗/亩，成穗率 77%左右，千粒重约 26 g，每穗总粒数约 128 粒，实粒数约 113 粒，结实率 88%左右。经农业部稻米及制品质量监督检测中心 2005—2006 年米质检测，长宽比 2.3，整精米率 55.1%，垩白度 20.3%，垩白粒率 100.0%，透明度 4 级，直链淀粉含量 25.8%，胶稠度 72.3 mm，米质分别为 6 等和 5 等。经浙江省农科院植物保护与微生物研究所 2005—2006 年两年抗性鉴定，白叶枯病 9.0 级，穗瘟 7.0 级，叶瘟 3.0 级，穗瘟损失率约 17%。

经 2005 年浙江省早籼稻区域试验，产量 541.2 kg/亩，比对照产量高 6.2%，达极显著水平；2006 年浙江省早籼稻区域试验，产量 474.0 kg/亩，比对照产量高 3.7%，达显著水平；两年浙江省区域试验平均产量 507.6 kg/亩，比对照产量高 5.0%。2007 年浙江省生产试验产量 468.5 kg/亩，比对照产量高 1.7%。

该品种属中熟早籼，分蘖力中等，株高适中，抗倒性好，后期青秆黄熟，丰产性好。平均亩产 500 kg 左右。适宜在余姚作直播栽培。

6. 中组 18

中组 18 是由浙江勿忘农种业股份有限公司和中国水稻研究所联合选育的早熟常规早籼稻，来源为中早 25/浙农 131，于 2020 年通过浙江省审定（浙审稻 2020005）。

该品种分蘖力强，植株较矮，叶色淡绿，剑叶挺直，叶下禾，穗型较小，结实率高，稃尖秆黄色、无芒。2 年浙江省区域试验全生育期 110 d 左右，比对照短 2 d 左右。有效穗约 23 万穗/亩，株高 84 cm 左右，千粒重约 26 g，每穗总粒数约为 108 粒，实粒数约为 94 粒，结实率 87%左右。

经农业农村部稻米及制品质量监督检测中心 2018—2019 年检测（杭州），长宽比 2.3，整精米率 54.6%，垩白度 13.3%，垩白粒率 76.5%，透明度 4 级，直链淀粉含量为 25.5%，胶稠度 73 mm，米质属于普通等级。经浙江省农科院植物保护与微生物研究所 2018—2019 年抗性鉴定，白叶枯病 5.0 级，穗瘟 7.0 级，穗瘟损失率 4.5 级，叶瘟 3.2 级，综合指数为 5.4。

2018 年浙江省早籼稻区域试验产量 560.4 kg/亩，比对照产量高 1.1%，差异不显著；2019 年继续试验，产量553.4 kg/亩，比对照产量高 3.2%，差异不显著。2 年区试平均产量 556.9 kg/亩，比对照产量高 2.1%。2019 年生产试验产量 548.0 kg/亩，比对照产量高 4.5%。

该品种植株较矮，分蘖力强，田间生长整齐一致，长势繁茂，青秆黄熟，转色好，谷色黄亮，丰产性好，是余姚市新引入推广的品种。

二、晚稻品种

1. 秀水 134

秀水 134 由嘉兴市农业科学研究院、中国科学院遗传与发育生物学研究所、浙江嘉兴农作物高新技术育种中心、余姚市种子管理站等单位联合选育，属于粳型常规水稻，适宜上海及周边地区种植，来源为丙 95-59//测 212/RH///丙 03-12，2010 年浙江省审定（浙审稻 2010003）。

该品种株高适中，生长整齐，株型较紧凑，剑叶短挺，叶鞘包节，叶色中绿，穗直立，着粒较密，谷粒椭圆形，谷壳较黄亮，颖尖无色，无芒。全生育期约 152 d，比对照品种长 0.5 d；株高约 97 cm，有效穗数 16.8 万穗/亩，成穗率 74%左右，穗长 16 cm 左右，千粒重 26 g 左右，每穗总粒数约 144 粒，实粒数 132 粒左右，结实率约 92%。经农业部稻米及制品质量监督检测中心 2008—2009 年米质检测，长宽比 1.7，平均整精米率 72.5%，垩白度 4.0%，垩白粒率 27.0%，透明度 2 级，直链淀粉含量 16.6%，胶稠度 70 mm，米质分别为 4 等和 2 等。经浙江省农科院植物保护与微生物研究所 2008—2009 年抗性鉴定，白叶枯病 3.0 级，褐稻虱 8.0 级，穗瘟 2.1 级，穗瘟损失率 0.9%，叶瘟 0 级，综合指数分别为 0.7 和 1.3。

秀水 134 属中熟晚粳稻，抗倒性较强；生育期适中，感光性强，穗型较大，分蘖力中等，后期转色好，丰产性较好，平均亩产量在 550 kg 左右。在余姚市适宜作单季晚稻直播和连作晚稻抛秧。

2. 宁 88

宁 88 由宁波市农业科学研究院选育，来源为宁 2-2/宁 98-56//秀水 110，2008 年浙江省审定（浙审稻 2008003），适宜在宁波、绍兴地区作单季稻种植。

该品种株高适中，株型紧凑，剑叶挺直。半弯穗型，抽穗整齐，着粒较密，无芒。灌浆速度快，穗基部充实度好，谷粒阔卵形、饱满，结实率高。前期叶色浓绿，后期根系活力强，青秆黄熟。

宁波市区域试验全生育期 145 d 左右，比对照品种短 1 d 左右；有效穗约 22 万穗/亩，成穗率 78%左右，株高 94 cm 左右，穗长约 16 cm，千粒重约 27 g，每穗总粒数在 123 粒左右，实粒数 110 粒左右，结实率约 90%。经 2004 年宁波市单季晚粳稻区域试验，产量为 560. 3 kg/亩，比对照产量高 5. 4%，达极显著水平；2005 年宁波市单季晚粳稻区域试验，产量 517. 8 kg/亩，比对照品种产量高 4. 8%，达极显著水平。2 年区域试验平均产量 539. 0 kg/亩，比对照产量高 5. 1%。2006 年宁波市生产试验，产量 523. 6 kg/亩，比对照品种产量高 7. 5%。2005 年参加绍兴市单季晚稻区域试验，产量 493. 7 kg/亩，比对照产量高 5. 0%，达极显著水平；2006 年参加绍兴市单季晚稻区域试验，产量 526. 8 kg/亩，比对照产量高 3. 6%。2 年绍兴市区试平均产量 510. 3 kg/亩，比对照品种高 4. 3%。

经农业部稻米及制品质量监督检测中心 2005—2006 年米质检测，长宽比 1. 8，整精米率 67. 4%，垩白度 5. 8%，垩白粒率 48. 0%，透明度 2 级，直链淀粉含量 15. 4%，胶稠度 70 mm，两年米质分别为等外和 2 等。经浙江省农科院植物保护与微生物研究所 2005—2006 年抗性鉴定，白叶枯病 5.0 级，褐稻虱 9.0 级，穗瘟 5.0 级，穗瘟损失率 21.1%，叶瘟 5.3 级。

该品种属中熟晚粳稻，青秆黄熟，抗倒性较强，丰产性好。2006 年以后在余姚市的推广面积逐步扩大，主要作为单季晚稻和连作晚稻机插栽培品种。

3. 祥湖 13

祥湖 13 由嘉兴市农业科学研究院选育，来源为丙 97408L/R9941///繁 20/丙 9408L//繁 20/丙 9734，2008 年浙江省审定(浙审稻 2008005)。

该品种叶挺，叶色青绿，剑叶略长，茎秆粗壮，株型较紧凑，穗半直立，着粒较密，谷色淡黄，谷粒短圆，颖尖无芒。2 年嘉兴市区域试验全生育期 161 d 左右，比对照长约 0.5 d；有效穗约 20 万穗/亩，成穗率 68%左右，株高约 103 cm，穗长约 16 cm，千粒重 23.5 g 左右，每穗总粒数约 151 粒，实粒数 132 粒左右，结实率约 87%。经浙江省农科院植物保护与微生物研究所 2005—2006 年抗性鉴定，平均叶瘟 0.0 级，穗瘟 2.5 级，穗瘟损失率 3.5%。

祥湖 13 经 2005 年嘉兴市单季晚粳稻区域试验，产量为 536.3 kg/亩，比对照品种产量高 6.6%，达极显著水平；2006 年嘉兴市单季晚粳稻区域试验，产量 557.4 kg/亩，比对照产量高 0.5%，差异不显著。2 年区域试验平均产量 546.9 kg/亩，比对照品种产量高 3.4%。2007 年嘉兴市生产试验产量 503.4 kg/亩，比对照品种产量高 3.6%。经 2006 年湖州市单季晚粳稻区域试验，产量 590.0 kg/亩，比对照品种产量高 4.1%，差异不显著；2007 年湖州市单季晚粳稻区域试验，产量 549.2 kg/亩，比对照产量低0.7%，差异不显著。

经农业部稻米及制品质量监督检测中心2005—2006年米质检测，长宽比1.7，整精米率72.5%，阴糯米率1.0%，胶稠度100 mm，直链淀粉含量1.7%，白度2.0级，米质2等。白叶枯病3.9级；褐稻虱7.0级。

该品种属中熟晚粳糯稻，分蘖力中等，株高中等，熟色清秀，生育期适中，穗大粒多，谷粒较小，糯性好，丰产性好。在余姚市主要作为单季晚稻机插和连作晚稻抛秧用，平均亩产量分别为500 kg和450 kg左右。

4. 秀水14

秀水14由嘉兴市农业科学研究院选育，适宜在浙江省作单季晚稻种植，来源为丙95-59//测212/RH///丙03-12，2017年浙江省审定（浙审稻2017009）。

该品种剑叶短挺，叶色绿，长势繁茂，穗直立，结实率高，稃尖无色。2年浙江省区域试验全生育期163 d左右，比对照品种长1.5 d左右。有效穗约19万穗/亩，株高99 cm左右，千粒重约26 g，每穗总粒数约136粒，实粒数125粒左右，结实率约92%。经浙江省农科院植物保护与微生物研究所2014—2015年抗性鉴定，白叶枯病最高5.0级，褐飞虱最高9.0级；穗瘟损失率最高3.0级，综合指数3.8。经农业部稻米及制品质量监督检测中心2014—2015年检测，长宽比1.8，整精米率70.5%，垩白度4.7%，垩白粒率35.0%，透明度1级，碱消值7.0，直链淀粉含量15.6%，胶稠度72 mm，米质分别为4等和3等。

2014年浙江省单季常规粳稻区域试验产量633.9 kg/亩，比对照品种产量高4.9%，差异不显著；2015年继续试验，产量

622.4 kg/亩，比对照品种高5.0%，达显著水平。2年区试平均产量628.1 kg/亩，比对照产量高5.0%。2016年浙江省生产试验产量638.4 kg/亩，比对照产量高4.9%。

该品种属中熟单季常规粳稻，分蘖力较强，丰产性较好，生长整齐一致株高适中，后期青秆黄熟。

5. 宁84

宁84由宁波市农业科学研究院选育，来源为嘉花1号//宁175/丙98-110///丙05-012，2015年浙江省审定（浙审稻2015004）。

该品种株型紧凑，株高适中，叶色淡绿，剑叶短挺，着粒紧密，谷粒椭圆形，谷壳黄亮，颖尖紫色。全生育期157 d左右，比对照长约3 d。有效穗20.5万穗/亩，成穗率70%左右，株高约98 cm，穗长约15.5 cm，粒重约25.5 g，每穗总粒数130粒左右，实粒数约122粒，结实率94%左右。经农业部稻米及制品质量监督检测中心2012—2013年检测，长宽比1.8，整精米率73.9%，透明度2级，垩白粒率31.0%，垩白度3.0%，直链淀粉含量16.7%，胶稠度72.5 mm，2年米质分别为3等和2等。经浙江省农业科学院植物保护与微生物研究所2012—2013年抗性鉴定，白叶枯病2.8级，褐稻虱7.0级穗瘟1.5级，穗瘟损失率1.3%，叶瘟0.0级，综合指数为0.9。

宁84经2012年浙江省单季晚粳稻区域试验，产量637.7 kg/亩，比对照品种高9.6%，达极显著水平；2013年浙江省单季晚粳稻区域试验，产量609.4 kg/亩，比对照高3.0%，差异不显著。2年区域试验平均亩产623.6 kg/亩，比对照品种高6.3%。2014年浙江省生产试验，产量645.5 kg/亩，比对照品种高 9.4%。

宁 84 属中熟粳型常规晚稻，长势繁茂，分蘖力较强，生长整齐一致，结实率高，穗大粒多，后期青秆黄熟，丰产性较好。在余姚市主要作单季晚稻栽培。

6. 嘉禾 218

嘉禾 218 由嘉兴市农业科学研究院和中国水稻研究所联合选育，来源为 JS2/C211//J28///JH212，2007 年浙江省审定（浙审稻 2007004）。

该品种叶片较长，剑叶上举，叶色浓绿，茎秆粗壮、包节，生长整齐，叶下禾，穗呈弯勾形，谷色黄，着粒较稀，谷粒长，颖尖有时有短芒，易落粒。嘉兴市 2 年区试全生育期 155 d 左右，比对照短约 5.0 d，有效穗 19.5 万穗/亩，成穗率 70%左右，株高约 92.5 cm，穗长 18.5 cm 左右，千粒重 29 g，每穗总粒数约 113 粒，实粒数约 98 粒，结实率 87%左右。经农业部稻米及制品质量监督检验测试中心 2004—2005 年米质检测，长宽比 3.0，整精米率 57.7%，垩白度 0.9%，垩白粒率 7.0%，透明度 1.5 级，直链淀粉含量 14.9%，胶稠度 73.0 mm，2 年米质指标分别为 3 等和 4 等。经浙江省农科院植物保护与微生物研究所 2005—2006 年抗性鉴定，白叶枯病 7.0 级；褐稻虱 8.0 级，穗瘟 2.8 级，穗瘟损失率 4.1%，叶瘟 0.3 级。

经 2004—2005 年嘉兴市单季晚粳稻区域试验，嘉禾 218 产量分别为 535.6 kg/亩和 503.9 kg/亩，分别比对照产量低 4.2%和高 0.1%，分别达极显著和未达显著水平；2 年区域试验平均亩产 519.8 kg/亩，比对照品种产量低 2.1%。2006 年市生产试验产量 564.2 kg/亩，比对照产量高 1.3%。

该品种属半矮生型早熟晚粳稻，表现株型较紧凑，株高适中，分蘖力与穗型中等，粒型偏长，结实率好，千粒重高。在余姚市主要作为单季晚稻机插、直播栽培。

7. 秀水 519

秀水 519 由嘉兴市农业科学研究院选育，来源为苏秀 9 号/秀水 123，2012 年浙江省审定（浙审稻 2012005），适宜在浙江省粳稻区作耐迟播连作晚稻种植。

该品种茎秆较粗壮，株高适中，生长整齐，叶色中绿，剑叶短挺，分蘖力较强，有效穗较多，着粒较密，穗型较小，结实率高，谷粒圆，颖尖无色无芒。2 年区域试验全生育期 123.5 d 左右，比对照品种长 0.5 d 左右。株高约 75 cm，有效穗约 29.5 万穗/亩，成穗率 67.5%左右，穗长约 13 cm，千粒重 24 g 左右，每穗总粒数 103 粒左右，实粒数 89 粒左右，结实率约 86.5%。经农业部稻米及制品质量监督检测中心 2010—2011 年检测，长宽比 1.7，整精米率 71.9%，垩白度 3.0%，垩白粒率 24.5%，透明度 2 级，直链淀粉含量 18.0%，胶稠度 74 mm，2 年米质分别为 2 等和 3 等。经浙江省农科院植物保护与微生物研究所 2010—2011 年抗性鉴定，穗瘟 0.5 级，穗瘟损失率 0.5%，叶瘟 0.0 级，综合指数为 0.4。

经 2010 年浙江省特早熟晚粳稻区域试验，秀水 519 产量 487.9 kg/亩，比对照产量高 6.7%，差异不显著；2011 年浙江省特早熟晚粳稻区域试验，产量 492.2 kg/亩，比对照品种高 3.6%，差异不显著；2 年浙江省区域试验平均亩产 490.1 kg/亩，比对照产量高 5.1%。2011 年浙江省生产试验产量 545.4 kg/亩，比对照产量高 8.3 %。

该品种属常规特早熟晚粳稻，抗倒性好，株型适中，有效穗较多，丰产性较好，后期转色好。余姚市2009年开始试种，主要是作为连作晚稻救灾品种，产量较低，不适宜作为常规栽培用。

8. 甬优1540

甬优1540由宁波市农业科学研究院和宁波市种子有限公司选育，来源为甬粳15A和F7540，为感温籼型三系杂交稻品种，2017年浙江审定（浙审稻2017014），2015年国家审定（国审稻2015040）。

该品种茎秆粗壮，长势繁茂，叶色淡绿，剑叶挺，穗大粒多，有时可见短顶芒，稃尖无色。2年浙江省区域试验全生育期145 d左右，比对照品种短0.5 d左右。该品种有效穗17万穗/亩，株高约100 cm，千粒重23 g左右，每穗总粒数约224粒，实粒数约181粒，结实率81%左右。经农业部稻米及制品质量监督检测中心2014—2015年检测，长宽比2.2，整精米率66.4%，垩白度3.8%，垩白粒率28.0%，透明度1.5级，碱消值7.0，直链淀粉含量16.2%，胶稠度68.5 mm，米质3等。经浙江省农科院植物保护与微生物研究所2015—2016年抗性鉴定，白叶枯病最高5.0级，褐飞虱最高9.0级，穗瘟损失率最高5.0级，综合指数5.3。

2015年浙江省连作粳（籼）稻区域试验产量664.1 kg/亩，比对照品种产量高15.5%，达极显著水平；2016年继续试验，产量705.7 kg/亩，比对照品种产量高27.7%，达极显著水平。2年浙江省区域试验平均产量684.9 kg/亩，比对照产量高21.4%。2016年浙江省生产试验产量646.3 kg/亩，比对照产量高23.6%。

该品种属迟熟籼粳杂交晚稻。株高适中，生长整齐一致，谷色黄亮，后期青秆黄熟，丰产性好。在余姚市适宜作机插和直播栽培用。

9. 甬优 15

甬优 15 由宁波市农业科学研究院和宁波市种子有限公司联合选育，来源为甬粳 4 号 A（原名：京双 A）×F8002（原名：F5032），2012 年浙江省审定（浙审稻 2012017）。

该品种株型适中，植株较高，茎秆粗壮，叶色深绿，剑叶挺直，微卷，分蘖力较弱，一次枝梗多，着粒较密，谷粒椭圆形，谷色黄亮，有顶芒，稃尖无色。全生育期 139 d 左右，比对照长约 3 d；株高 128 cm 左右，有效穗约 12 万穗/亩，千粒重 29 g 左右，穗长 25 cm 左右，每穗总粒数约 235 粒，实粒数约 184 粒，结实率 78% 左右。经农业部稻米及制品质量监督检测中心 2008—2009 年米质检测，长宽比 2.6，整精米率 63.8%，垩白度 3.0%，垩白粒率 16.0%，透明度 2 级，直链淀粉含量 14.1%，胶稠度 84 mm，2 年米质分别为 3 等和 4 等。经浙江省农科院植物保护与微生物研究所 2008—2009 年两年抗性鉴定结果，白叶枯病 6.0 级，褐稻虱 9.0 级，穗瘟 6.5 级，穗瘟损失率 2.4%，叶瘟 0.3 级，综合指数为 1.6。

经 2008 年浙江省单季杂交籼稻区域试验，甬优 15 产量 591.8 kg/亩，比对照品种产量高 6.7%，达显著水平；2009 年浙江省单季杂交籼稻区域试验，产量 602.4 kg/亩，比对照产量高 10.6%，达极显著水平；2 年浙江省区试平均产量 597.1 kg/亩，比对照产量高 8.6%。2011 年浙江省生产试验产量 634.5 kg/亩，比对照产量高 9.2%。

甬优15属籼粳交偏籼型三系杂交稻，茎秆坚韧，抗倒性较好，青秆黄熟，穗大粒多，丰产性好，米质较优。余姚市主要作为单季晚稻机插、直播栽培用。

10. 甬优538

甬优538由宁波市种子有限公司选育，来源为甬粳3号A×F7538，2013年浙江省审定（浙审稻2013022）。

该品种株高适中，叶色淡绿，剑叶长挺、略卷，着粒密，谷壳黄亮，谷粒圆粒形，有顶芒，颖尖无色。全生育期154 d左右，比对照长约7.5 d。有效穗约14万穗/亩，成穗率约65%，株高约114 cm，千粒重22.5 g左右，穗长约21 cm，每穗总粒数约289粒，实粒数约239粒，结实率85%左右。经农业部稻米及制品质量监督检测中心2011—2012年检测，长宽比2.1，整精米率71.2%，垩白度7.7%，垩白粒率39.0%，透明度2级，直链淀粉含量15.5%，胶稠度70.5 mm，米质4等。经浙江省农科院植物保护与微生物研究所2011—2012年抗性鉴定，白叶枯病2.4级，褐稻虱9.0级，穗瘟5.0级，穗瘟损失率8.3%，叶瘟1.1级，综合指数为3.7。

经2011年浙江省单季杂交晚粳稻区域试验，甬优538产量720.6 kg/亩，比对照品种产量高29.5%，达极显著水平；2012年浙江省单季杂交晚粳稻区域试验，产量716.2 kg/亩，比对照产量高23.3%，达极显著水平。2年浙江省区试平均718.4 kg/亩，比对照品种产量高26.3%。2012年浙江省生产试验产量755.0 kg/亩，比对照产量高29.6%。

该品种属单季籼粳杂交稻（偏粳），茎秆粗壮，抗倒性好，生育期长，穗大粒多，丰产性好，在余姚市主要作物单季晚稻机插、直播栽培用。

11. 甬优12

甬优12由宁波市农业科学研究院、宁波市种子有限公司和绍兴市舜达种业有限公司（原为上虞市舜达种子有限责任公司）联合选育，来源为甬粳2号A×F5032，2010年浙江省审定（浙审稻2010015）。

该品种植株较高，株型较紧凑，生长整齐，叶色浓绿，剑叶挺直、内卷，分蘖力中等，穗基部枝梗散生，着粒密，谷壳黄亮，谷粒短圆形，偶有顶芒，颖尖无色。全生育期约154 d，比对照长7.5 d左右；株高121 cm左右，千粒重约22.5 g，有效穗约12.5万穗/亩，成穗率约57%，穗长21 cm左右，每穗总粒数约327粒，实粒数237粒左右，结实率约72.5%。经农业部稻米及制品质量监督检测中心2007—2008年2年米质检测，长宽比2.1，整精米率68.8%，垩白度5.1%，垩白粒率29.7%，透明度3级，直链淀粉含量14.7%，胶稠度75.0 mm，2年米质分别为5等和4等。经浙江省农科院植物保护与微生物研究所2007—2008年2年抗性鉴定，白叶枯病3.5级，褐稻虱7.0级，穗瘟3.1级，穗瘟损失率4.1%，叶瘟2.2级，综合指数分别为1.9和3.2。

经2007年浙江省单季杂交晚粳稻区域试验，甬优12产量554.6 kg/亩，比对照品种产量高11.3%，差异不显著；2008年浙江省单季杂交晚粳稻区域试验，产量576.1 kg/亩，比对照产量高21.4%，达极显著水平；2年浙江省区试平均产量565.4 kg/亩，比对照产量高16.2%。2009年浙江省生产试验产量603.7 kg/亩，比对照产量高22.7%。

甬优12属迟熟三系籼粳杂交稻，感光性强，生育期长，茎秆粗壮，抗倒性较强，穗大粒多，丰产性好。余姚市主要作为单季晚稻机插用。

12. 中浙优8号

中浙优8号由中国水稻研究所和浙江勿忘农种业集团有限公司联合选育，来源为中浙A和T-8，2006年浙江省审定（浙审稻2006002）。

该品种全生育期137 d左右，比对照长5 d左右。有效穗约15.5万穗/亩，成穗率约57%，株高120.5 cm左右，穗长约26 cm，千粒重约25.5 g，每穗总粒数约166粒，实粒数145粒左右，结实率约87%。据2003—2004年农业部稻米及制品质量监督检验测试中心米质检测结果，长宽比3.2，整精米率56.6%，垩白度3.6%，垩白粒率16.3%，透明度1.5级，直链淀粉含量14.3%，胶稠度69.5 mm。据浙江省农科院植保与微生物研究所2004年抗性鉴定结果，白叶枯病7.0级，褐稻虱9.0级，穗瘟1.0级，穗瘟损失率0.5%，叶瘟3.2级。

中浙优8号经2003年浙江省杂交晚籼稻区域试验，产量473.5 kg/亩，比对照品种产量低0.9%，差异不显著；2004年杂交晚籼稻区域试验，产量518.1 kg/亩，比对照品种产量高5.4%，差异不显著；2年平均产量495.8 kg/亩，比对照产量高2.3%。2005年浙江省生产试验产量536.4 kg/亩，比对照产量高4.4%。

该品种株型挺拔，分蘖力较强，生长清秀，叶色深绿，穗大粒多，结实率高，后期熟相较好，丰产性较好。余姚市主要是四明山区作为中稻用。

13. 甬优2640

甬优2640由宁波市种子有限公司选育，来源为甬粳26A和F7540，2013年浙江省审定（浙审稻2013024）。

该品种株高、株型适中，生长整齐，茎秆粗壮，剑叶较挺较宽，分蘖力中等，穗型大，着粒较密，谷壳黄亮，谷粒圆粒偏长形，颖尖无色，偶有短芒。全生育期126 d左右，比对照品种长2.5 d左右。株高约96 cm，有效穗19万穗/亩，成穗率约58%，千粒重24.5 g左右，穗长约19 cm，每穗总粒数189粒左右，实粒数约144粒，结实率约76%。经农业部稻米及制品质量监督检测中心2010—2011年检测，长宽比2.2，整精米率66.7%，垩白度3.5%，垩白粒率23.5%，透明度2级，直链淀粉含量16.8%，胶稠度63 mm，米质4等。经省农科院植物保护与微生物研究所2010—2011年抗性鉴定，穗瘟损失率3.8%，叶瘟0.0级，穗瘟2.5级，综合指数为1.4。

经2010年浙江省特早熟晚粳稻区域试验，甬优2640产量525.7 kg/亩，比对照品种产量高14.9%，达极显著水平；2011年省特早熟晚粳稻区域试验，产量508.3 kg/亩，比对照品种高7.0%，差异不显著；2年省区试平均产量517.0 kg/亩，比对照产量高10.9%。2011年省生产试验产量556.1 kg/亩，比对照品种产量高10.4%。

甬优2640属三系籼粳交特早熟晚稻，感光性较弱，抗倒性较强，后期转色好，穗大粒多，丰产性好。余姚市主要作为单季晚稻机插、直播栽培用。

14. 浙优18

浙优18由浙江省农业科学院作物与核技术利用研究所、浙江农科种业有限公司和中国科学院上海生命科学研究院联合选育，来源为浙 04A 和浙恢 818，2012 年浙江省审定（浙审稻 2012020）。

该品种株型紧凑，茎秆粗壮，株高适中，叶色深绿，剑叶挺直，分蘖力中等偏弱，穗型大，谷粒圆粒形，落粒性好，着粒较密，有顶芒，稃尖无色。全生育期 154 d 左右，比对照长约 1.0 d。株高 122.0 cm 左右，有效穗约 13.0 万穗/亩，成穗率约 64%，千粒重约 23 g，穗长约 21 cm，每穗总粒数 306 粒左右，实粒数约 233 粒，结实率 76.5%左右。经农业部稻米及制品质量监督检测中心 2010—2011 年检测，长宽比 2.0，整精米率 67.3%，垩白度 5.0%，垩白粒率 34.0%，透明度 3 级，直链淀粉含量 14.7%，胶稠度 70 mm，2 年米质分别为 6 等和 4 等。经省农科院植物保护与微生物研究所 2010—2011 年抗性鉴定，白叶枯病 3.5 级，褐稻虱 8 级，穗瘟 4.5 级，穗瘟损失率 7.8%，综合指数为 4.3，叶瘟 2.4 级。

经 2010 年浙江省单季籼粳杂交稻区域试验，浙优 18 产量 634.7 kg/亩，比对照品种产量高 8.2%，达极显著水平；2011 年省单季籼粳杂交稻区域试验，产量 689.5 kg/亩，比对照产量高 7.5%，达显著水平；2 年省区试平均产量 662.1 kg/亩，比对照产量高 7.8%。2011 年省生产试验产量 672.4 kg/亩，比对照产量高 5.3%。

该品种属籼粳交偏粳型三系杂交稻，抗倒性好，生育期较长，分蘖力中等偏弱，穗大粒多，丰产性好。余姚市主要作为单季晚稻栽培用。

15. 春优 84

春优 84 由中国水稻研究所和浙江农科种业有限公司联合选育，来源为春江 16A 和 C84，2013 年浙江省审定（浙审稻 2013020）。

该品种株高适中，株型较紧凑，生长整齐，叶色中绿，倒三叶长、挺，穗型大，着粒密，谷粒圆粒形，谷壳黄亮，颖尖淡红色、无芒。全生育期 157 d 左右。有效穗约 14 万/亩，成穗率 79%左右，株高约 120 cm，穗长 18. 5 cm 左右，千粒重约 25 g，每穗总粒数约 245 粒，实粒数约 200 粒，结实率 84%左右。经农业部稻米及制品质量监督检测中心 2010—2011 年检测，长宽比 2. 0，整精米率 65. 9%，垩白度 11. 3%，垩白粒率 71%，透明度 3 级，直链淀粉含量 16. 8%，胶稠度 80 mm，米质分别为 6 等和 5 等。经浙江省农科院植物保护与微生物研究所 2010—2011 年抗性鉴定，白叶枯病 6. 0 级；褐稻虱 9. 0 级，穗瘟 2. 0 级，穗瘟损失率 1. 0%，叶瘟 0. 3 级，综合指数为 1. 7。

经 2010 年浙江省单季杂交晚粳稻区域试验，春优 84 产量 669. 8 kg/亩，比对照品种产量高 19. 8%，达极显著水平；2011 年浙江省单季杂交晚粳稻区域试验，产量 701. 9 kg/亩，比对照品种产量高 26. 1%，达极显著水平。2 年浙江省区试平均产量 685. 9 kg/亩，比对照产量高 22. 9%。2012 年省生产试验产量 658. 3 kg/亩，比对照产量高 13. 0%。

该品种属单季籼粳杂交稻（偏粳），茎秆粗壮，抗倒性好，生育期长，穗大粒多，长势旺盛，丰产性好。余姚市一般作为单季晚稻机插、直播栽培用。

16. 甬优 10

甬优 10 号由宁波市农业科学研究院和宁波市种子有限公司联合选育，来源甬粳 2 号 A×K306093，2008 年通过国家审定（国审稻 2008023）。

该品种属粳型三系杂交水稻。在长江中下游作单季晚稻种植，全生育期约 153 d，比对照品种长 5.5 d 左右。株型适中，偏籼，穗、粒偏粳，长势繁茂，熟期转色较好，有效穗数约 17 万穗/亩，株高 119 cm 左右，穗长约 24 cm，千粒重约 26 g，每穗总粒数 200 粒，结实率约 78%。长宽比 2.6，整精米率 72.7%，垩白粒率 12.0%，垩白度 1.4%，直链淀粉含量 16.8%，胶稠度 75 mm，米质 2 级。白叶枯病平均 4.0 级，最高 5.0 级，褐飞虱 9.0 级，稻瘟病综合指数 4.4 级，穗瘟损失率最高 7.0 级，抗性频率 55%。

2006 年参加长江中下游单季晚粳组品种区域试验，产量为 658.1 kg/亩，比对照品种产量高 20.7%（极显著）；2007 年继续试验，产量 598.2 kg/亩，比对照产量高 18.5%（极显著）；2 年区域试验产量 628.1 kg/亩，比对照品种高 19.7%。2007 年生产试验，产量 541.7 kg/亩，比对照产量高 10.2%。该品种在余姚推广的时间不长。

17. 甬优 7850

甬优 7850 由宁波市种子有限公司选育，来源为 A78×F9250，2017 年通过国家审定（国审稻 20170065）。

该品种为粳型三系杂交水稻品种，在长江中下游作单季晚稻种植，全生育期 155 d 左右，比对照品种短 3 d 左右。株高约 117 cm，穗长约 20 cm，有效穗数 15 万穗/亩，千粒重 23.5 g 左右，每穗总粒数254粒左右，结实率约89%。米粒长宽比2.2，整精米率73.6%，垩白度1.6%，垩白粒率10.0%，直链淀粉含量14.2%，胶稠度72 mm。白叶枯病5.0级，褐飞虱9.0级，条纹叶枯病5.0级，稻瘟病综合指数两年分别为3.1、2.8，穗瘟损失率最高级3.0级；中感白叶枯病，高感褐飞虱，中感条纹叶枯病，中抗稻瘟病。

2014年参加长江中下游单季晚粳组区域试验，产量668.7 kg/亩，比对照品种产量高5.9%；2015年继续试验，产量777.5 kg/亩，比对照高11.0%；2年区域试验平均产量723.1 kg/亩，比对照产量高8.6%。2016年生产试验，产量705.4 kg/亩，比对照产量高4.7%。

第八节 绿色高效栽培技术

一、产量构成因子

水稻的产量有两种概念，包括生物产量（生育期间生产、积累的有机物质总量，即地上部植株所有干物质的收获量）和经济产量（经济产品器官，即稻谷）的收获量。我们通常所说的产量指经济产量，主要构成因素有每亩有效穗数、每穗粒数、结实率、千粒重等四个因素，可以用以下公式表示：亩产量（kg/亩）=每亩有效穗数（万穗/亩）×每穗粒数×结实率（%）×千粒重（g）÷100。

这四个因素之间是相互联系、相互制约和相互补偿的，一般情况下不能同时提高每亩有效穗数、每穗粒数、结实率和千粒重。当每亩有效穗数超过某一定数量时，每穗粒数、结实率和粒重并不增加，反而有所下降或减轻，反之穗数不足时，虽能穗大粒多，但因穗数不足，也不能高产。因此只有各个因素协调增长，当平均每穗实粒数达到最高时，千粒重相对稳定或有所提高的情况下，才能获得高产，产量构成因素中穗数是由群体发展所决定的，而群体是由个体所组成，群体的发展反过来又影响了个体发育，影响到各个体的每穗粒数和粒重。因此，它们之间的关系也是群体与个体对立统一关系的反映。

在构成产量的因素中，每亩有效穗数是最先形成的，是构成产量的基础。从播种发芽到稻穗开始分化前的整个营养生长期对穗数都有影响，特别是分蘖盛期所受影响最大，过了分蘖高峰期7~10 d以后，几乎不受影响，可以说这时穗数基本上已经定局，因分蘖高峰期出现以后，分蘖便开始向两极分化，一类分蘖继续保持原有的生长势，往上生长成有效分蘖，另一类分蘖生长停滞，出叶速度减慢，至最高分蘖期出现后10 d，凡不够3个叶片、株高不及主茎高度2/3的分蘖多数是无效分蘖。在有效分蘖终止期前采取措施，可取得增加穗数的明显效果，包括增施氮肥和适时搁田。生产上增穗的主要措施是培育壮秧、适时插秧、合理密植、早管促早发，抑制后期无效分蘖的发生。每亩穗数是由基本苗、单株分蘖数和成穗率所组成，因地制宜适当插足基本苗和促早发，有助于增加每亩有效穗数。

增加每穗粒数有2个途径：一是促使颖花多分化；二是减少颖花退化。积极地促进颖花多分化，必须使植株在穗轴分化期到颖花分化期的7~10 d保持良好的营养状况，主要是氮素营养。颖花退化从颖花分化期以后就开始，但最易退化时期是在减数分裂期至抽穗前 5 d 左右，退化数即完全决定。颖花退化受栽培条件和气候条件等多方面的影响，其中最主要因素之一是营养不足，在稻穗分化后期，发生缺肥，极易引起退化。因此，减少颖花退化必须从栽培管理着手，改善植株的营养状况，减轻不利气候条件的影响。

影响水稻结实率有 3 个主要时期（抽穗前：①颖花分化，②减数分裂；抽穗后：③以开花到胚乳增长盛期最显著）。前 2 个时期如遇不良外界条件，易致雄性不育或开花受精不良而形成空秕粒；在后一个时期如遇不良条件，会由于灌浆不良而形成空秕粒。提高结实率，需要后期“养根保叶”，保持顶部 3 片功能叶，尤其是剑叶，维持一定的氮素水平和保持根系旺盛活力而不早衰。在一定范围内，稻体含氮量高对提高结实率有利。抽穗后叶片中糖分浓度越高，向籽粒的转运越多。

水稻籽粒的千粒重是由谷壳体积和胚乳发育好坏这两者因素决定的，只有谷壳体积大和胚乳发育好，才能获得粒大饱满的稻谷，谷壳的发育是从颖花分化开始，到抽穗以后，谷壳发育基本停止，大小也就固定，决定谷壳大小的重要时期是颖花形成期和减数分裂期，此时，营养充足，则谷壳增大，营养不足，不仅谷壳变小，还增加枝梗和颖花退化，因此，在减数分裂前后，适量巧施穗肥保花，对促进颖花生长和提高粒重有明显作用。要使千粒重提高必须具备 2 个条件：一是胚乳细胞分裂正常且数目多，而开花后 10 d 内的低温会严重影响胚乳细胞的分裂；二是要有充足的灌浆物质，并运转良好。因此，加强后期管理，增加根系活力，防止早衰，是减少空秕粒、增加千粒重的关键。

二、主要病虫草害

1. 稻飞虱

稻飞虱，属于同翅目飞虱科，又被称为响虫。以刺吸植株汁液危害水稻等作物。为害余姚市水稻的飞虱主要有 3 种：褐飞虱、白背飞虱和灰飞虱。成、若虫刺吸为害。稻飞虱是迁飞性害虫，田间受害稻丛常由点、片开始，远望比正常稻株黄矮，俗称“穿顶”“黄塘”“吃塌”等；可以通过雌虫产卵为害；排泄物常招致霉菌滋生，影响水稻的光合作用和呼吸；还可以传播植物病毒病，如褐飞虱能传播水稻丛矮缩病；白背飞虱能传播南方水稻黑条矮缩病；灰飞虱能传播水稻条纹叶枯病。

（1）褐飞虱。成虫有长翅和短翅两种类型。褐色，有光泽。长翅型体长（连翅）4~5 mm；短翅型雌虫 3.5~4.0 mm，雄虫 2.2~2.5 mm，翅长不达腹末。前胸背板和小盾片都有 3 条明显的凸起线。后足第 1 跗节外方有小刺。深色型腹部黑褐色，浅色型腹部褐色。雄虫抱器端部不分叉，呈尖角状向内前方突出；雌虫产卵器第 1 载瓣片内缘呈半圆形突起。卵为香蕉形，乳白至淡黄色，卵粒在植物组织内成行排列，卵帽与产卵痕表面等平。若虫共 5 龄。初孵时淡黄白色，后变褐色，近椭圆形。5 龄若虫第 3、第 4 节腹背各有 1 个明显的山字形浅斑。若虫落入水面后足伸展成一条直线。

褐飞虱一般于 7—8 月迁入余姚市，主要为害单季稻和连作晚稻，对早稻一般不产生为害。近几年中，2015 年发生重，吃塌早；2016—2018 年相对较轻；2019 年总体还好，个别田块吃塌；2020 年相对较重。

(2) 白背飞虱。和褐飞虱一样，白背飞虱的成虫也有长翅和短翅两种类型。长翅型体长（连翅）3.8~4.6 mm；短翅型体长2.5~3.5 mm。雄虫具黑褐斑，呈淡黄色，雌虫以黄白色为主。雄虫头顶、前胸和中胸背板中央黄白色，仅头顶端部脊间表现黑褐色，前胸背板侧脊外方、复眼后方有一条暗褐色新月形斑，中胸背板侧面区呈现黑褐色，前翅半透明，翅斑黑褐色；额、颊区、胸、腹部腹面均为黑褐色。雌虫额、颊区及胸腹部腹面则为黄褐色。雄虫抱握器于端部分叉。卵的长度为0.8~1 mm，长椭圆形，略微弯曲，一端较大。卵块中卵粒呈单行排列，卵帽不外露，外表仅见褐色条状产卵痕。若虫体淡灰褐色，背有淡灰色云状斑，共5龄。1龄体长1 mm左右，末龄体长2.9 mm，3龄见翅芽。3龄腹部第3、第4节背面各有1对乳白色接近三角形的斑纹。若虫落水后其后足会伸展成一条直线。

白背飞虱一般5月底至6月初迁入余姚市。通过白背飞虱能够传播南方水稻黑条矮缩病。南方水稻黑条矮缩病在秧田期表现为感病秧苗叶片僵硬直立、叶色浓绿、根系发育不良；在拔节期表现为植株严重矮缩、叶色深绿、高节位分枝、茎节部生有不定根、茎秆表面蜡泪状纵向瘤状突起、早期乳白色、后期黑褐色；拔节后茎部蜡白色瘤突、高节位气生根及分枝。

(3) 灰飞虱。成虫也有长翅和短翅2种类型。长翅型雌虫体长（连翅）4~4.2 mm，介于褐飞虱和白背飞虱之间；雄虫体长3.5~3.8 mm；短翅型雌虫体长2.4~2.8 mm，雄虫2.1~2.3 mm。雌虫体呈黄褐色，雄虫呈黑色。头顶略突出，在头顶上由脊形成凹陷，排成三角形；颜面额区雌雄均为黑色。雌虫中胸背板中部淡黄色，两侧暗褐色，雄虫中胸背板全部黑色，翅半透明，带灰色；前翅后缘中部有一翅斑。雄性抱握器端部不分叉，如小鸟形。卵为香蕉形，长约 1 mm，初产时乳白半透明，后期变为淡黄色。卵双行排列成块，卵盖微露于产卵痕外。若虫共 5 龄，末龄体长约 2.7 mm，深灰褐色，前翅芽明显超过后翅芽。3~5 龄若虫腹背斑纹较清晰，第 3、第 4 腹节背面各有 1 淡色八字纹，第 6~8 腹节背面的淡色纹呈一字形。在水稻生长季节，若虫多呈乳黄或淡褐色，秋末、冬春多呈灰褐色。胸、腹部背面两侧颜色较深。若虫落水后其后足会伸展成八字形。

灰飞虱在余姚市的为害从早稻苗期至晚稻穗期，基本 1 个月一代，5 月底进入成虫高峰。由其传播的水稻黑条矮缩病能导致水稻植株矮、分蘖增加、叶片短而僵直、叶色浓绿。传播的另外一种病毒病为水稻条纹叶枯病，这种病苗期时在不同类型水稻上表现出的症状不一，糯、粳稻和高秆籼稻心叶黄白、柔软、卷曲下垂、成枯心状，分蘖减少，病株提早枯死；矮秆籼稻不呈枯心状，出现黄绿相间条纹。高秆品种发病后心叶黄白、细长柔软并卷曲成纸捻状，弯曲下垂而形成“假枯心”。

(4) 防控。稻飞虱的防治策略是“治前控后”（针对其增长、繁殖快的特点），“治 3、压 4、控 5”，“压 4”是指对 8 月底 4 代的控制。

药剂防治。60%吡蚜酮水分散粒剂为常用药剂。①用药量 16 g/亩。②喷雾方式为粗喷雾，担架式效果较好。③前期尽量少用毒死蜱等广谱性杀虫剂，天敌。④注意药剂抗性问题。10%三氟苯嘧啶悬浮剂、25%呋虫胺水分散粒剂可以作为吡蚜酮的轮换药剂。烯啶虫胺、毒死蜱可以在大发生、虫量高、虫龄大时混用。

2. 稻纵卷叶螟

稻纵卷叶螟是典型的迁飞性害虫，8 月底以前由南往北迁，9 月中下旬由北往南回迁，能致水稻千粒重降低、空秕粒增加，造成减产。在余姚市主要为害单季稻和连晚，对迟熟嫩绿早稻有一定的为害。

雌成蛾体长 8~9 mm，翅展 17 mm，体、翅黄溜色，前翅前缘暗褐色，外缘具暗褐色宽带，内横线、外横线斜贯翅面，中横线短，后翅也有 2 条横线，内横线短，与后缘不相连。雄蛾体相对小一点，色泽较鲜艳，前、后翅斑纹与雌蛾相近，但前翅前缘中央有 1 黑色眼状纹。卵长 1 mm 左右，接近椭圆形，扁平，中间稍稍隆起，表面有细网纹，开始时为白色，往后逐渐变浅黄色。幼虫 5~7 龄，多数 5 龄。末龄幼虫体长 14~19 mm，头部为褐色，身体呈黄绿色至绿色，老熟时为橘红色，中、后胸背面有 8 个小黑圈，6 个在前排，2 个在后排。蛹长 7~10 mm，圆筒状，末端比较尖，有 8 个钩刺，初期为浅黄色，后期变成红棕色至褐色。

为害水稻叶片时，螟虫吐丝缀稻叶两边叶缘，纵卷叶片成圆筒状虫苞，幼虫藏身在虫苞里啃食叶肉，吃剩下的表皮会呈白色条斑。幼虫取食量：1 龄占总取食量的 0.8%，2~3 龄占 8%，4 龄以后食叶量大增，最后 5 龄幼虫取食量点总食叶量的 80%。

稻纵卷叶螟为害水稻涉及多个因素，主要有以下几个。气候：适温 22~28 ℃、相对湿度在 80% 以上，卵孵化率可达 80%~90%以上。施肥：偏施氮肥有利于稻纵卷叶螟的繁殖为害。稻纵卷叶螟产卵有趋嫩绿习性。2015 年稻纵卷叶螟大发生，表现为迁入量大，8 月底至 9 月初灯下蛾量持续较高（表4）；田间虫卵量高，很多田块亩蛾量在 1 000 只以上，特别是嫩绿单季稻及早插早发连晚；8 月 31 日至 9 月 6 日调查，单季稻平均卵量 14. 1 万粒/亩，连晚平均卵量 7. 9 万粒/亩，最多 28 粒/丛。

表 4　2015 年灯下诱虫量

日期（月/日）	不同地点诱虫量（头）	
	朗霞	牟山
8/20	0	28
8/21	0	48
8/22	130	23
8/23	112	22
8/24	95	95
8/25	387	123
8/26	322	15
8/27	305	15
8/28	245	27
8/29	218	15
8/30	93	7
8/31	45	7
9/1	72	2
9/2	175	37
9/3	105	35
9/4	78	11
9/5	103	68
9/6	128	14
总数	2 613	592

稻纵卷叶螟的防治策略为前期适当放宽防治指标、穗期保护

上三叶（功能叶），防治适期低龄幼虫高峰期。

药剂防治措施如下：20%氯虫苯甲酰胺悬浮剂 10 mL/亩；5.7%甲维盐水分散粒剂 15~25 g/亩；6%阿维·氯虫苯悬浮剂 40 mL/亩；氟苯虫酰胺 2018 年 10 月 1 日开始禁止在水稻上使用；要求均匀细喷雾、喷足水量 45 kg/亩。

3. 二化螟

二化螟属昆虫纲、鳞翅目、螟蛾科，是水稻的主要虫害之一，前几年发生总体比较轻，2014 年以来由于氯虫苯甲酰胺等药剂的防效下降、机割禁焚、耕作制度复杂、寄主作物多面积大、气候因素等原因，二化螟在余姚市发生程度有明显加重趋势。二化螟又叫钻心虫，其幼虫通过钻蛀水稻叶鞘、心叶、茎秆为害，在分蘖期为害造成枯鞘、枯心苗，在穗期危害造成虫伤株、白穗，导致水稻严重减产。

水稻二化螟成虫翅展后，雄虫长度约 20 mm，雌虫长度约 25~28 mm。头部为淡灰褐色，额圆形，顶端尖，白色至烟色。胸部和翅基片颜色为白色至灰白，并带点褐色。前翅颜色为黄褐至暗褐色，中室前端有紫黑斑点，中室下方有 3 个斑排成斜线。前翅外缘有 7 个黑点。后翅白色，靠近翅外缘带一点褐色。雌虫体色比雄虫要淡一点，前翅呈黄褐色，后翅为白色。卵表现为扁椭圆形，有 10 余粒至百余粒组成卵块，排列成鱼鳞状，初产时为乳白色，将孵化时变为灰黑色。幼虫老熟时长 20~30 mm，体背有 5 条褐色纵线，腹面灰白色。蛹长 10~13 mm，淡棕色，前期背面有 5 条褐色纵线，中间 3 条较明显，到后期会逐渐模糊，足伸至翅芽末端。

2014 年开始二化螟在余姚市部分地区大发生，特别是单双混栽区，尤其是杂交稻，部分田块连续使用20%氯虫苯甲酰胺悬浮剂防治2~3次，每次亩用量在20 mL以上，二化螟的残留虫量仍然很高，后期对水稻造成严重影响，致使个别田块绝收。原因可能是二化螟已经对氯虫苯甲酰胺等双酰胺类药剂产生了较高抗药性。

氯虫苯甲酰胺2008年开始在余姚市推广使用，其后市场上出现的稻腾、宝剑、福戈、垄歌等药剂都是双酰胺类药剂或其复配制剂，其主要作用机理是一致的。这些药剂一开始对鳞翅目害虫有特效，但是长期连续单一使用使得抗药性产生速度加快。

二化螟在余姚市发生峰次多、峰期长（越冬代4月至6月初）。发生市的区域性很强，地区间、田块间差异非常大。混栽区重于纯单季区、双季区，杂交稻重于常规稻，重发范围逐步扩大。如果水稻施氮肥过量、叶色浓绿田块，受害就会加重。

二化螟在余姚市的防治策略需要从狠治一代转变到狠治越冬代，防控技术从药剂防治转变到综合防治。主要措施如下。

（1）翻耕、灌水杀蛹。利用二化螟的生物习性，在它化蛹气孔开放状态下，灌水杀死，从源头上大大减少二化螟的越冬虫量，从而减少它的下一代的虫量而减轻为害。在越冬二化螟化蛹高峰期（4月中下旬至5月上旬），对冬闲田进行翻耕，将残留稻桩、稻草翻入土中，并灌水淹没，保持7~10 d，杀灭越冬代虫蛹。

（2）药剂防控。10%阿维·甲虫悬浮剂80 mL；34%乙多·甲氧虫悬浮剂30 mL；20%甲维·甲虫肼悬浮剂60 mL。停止使用双酰胺类药剂，不建议继续使用三唑磷。

（3）性诱剂。在水稻二化螟发生区，采用二化螟性诱剂诱芯配套新飞蛾诱捕器，亩用1枚诱芯加1个诱捕器，在越冬代二化螟雄蛾始见期之前连片大面积使用。可以有效降低二化螟虫口基数；减少化学药剂使用1～2次；在严重发生区可减轻药剂防治压力；有效减轻或控制二化螟的为害。

（4）种植诱虫植物和显花植物。有条件的地方可在机耕路两侧种植香根草，诱集二化螟产卵，以减少对水稻的为害，同时田埂可种植芝麻、大豆等显花植物，为天敌提供食料和栖境，提高二化螟天敌数量。

4. 三化螟

三化螟属鳞翅目螟蛾科昆虫，幼虫蛀食水稻茎秆，苗期至拔节期可导致枯心，孕穗至抽穗期可导致“枯孕穗”或“白穗”，转株为害会形成虫伤株，可致颗粒无收。利用天敌、药剂并结合农业防治方法，消灭三化螟效果较好。

三化螟雌雄成虫的颜色和斑纹都不同。雄蛾头、胸和前翅灰褐色，下唇须很长，向前突出。腹部上下两面灰色。雌蛾前翅黄色，中室下角有一个黑点。后翅为白色，靠近外缘带淡黄色，腹部末端有黄褐色成束的鳞毛。雄蛾前翅中室前端有一个小黑点，从翅顶到翅后缘有一条黑褐色斜线，外缘有8～9个黑点。后翅白色，外缘部分略带淡褐色。

成虫体长10 mm左右，翅展23～28 mm。雌蛾前翅类似三角形，淡黄白色，翅中央有一个明显的黑点，腹部末端有一丛黄褐色绒毛；雄蛾前翅淡灰褐色，翅中央有一个较小的黑点，由翅顶角斜向中央有一条暗褐色斜纹。

卵为长椭圆形，密集成块，每块几十至一百多粒，卵块上覆盖着褐色绒毛，像半粒发霉的大豆。

幼虫初孵时呈现灰黑色，胸腹部交接处有一白色环。老熟时长 14~21 mm，头部淡黄褐色，身体淡黄绿色或黄白色，从 3 龄起，背中线清晰可见。腹足退化明显。

蛹呈黄绿色，羽化前雌蛹金黄色，雄蛹为银灰色。雄蛹后足伸达第 7 腹节或超过一点，雌蛹后足伸达第 6 腹节。

三化螟因在江浙一带每年发生 3 代而得名。以老熟幼虫在稻桩内越冬，春季气温达 16 ℃时，化蛹羽化飞往稻田产卵。螟蛾夜晚活动，趋光性强，特别在闷热无月光的黑夜会大量扑灯，产卵具有趋嫩绿习性。刚孵出的幼虫称蚁螟，从孵化到钻入稻茎内需 30~50 min。蚁螟蛀入稻茎的难易及存活率与水稻生育期有密切的关系：水稻分蘖期，稻株柔嫩，蚁螟很易从近水面的茎基部蛀入，还有，孕穗期稻穗外只有 1 层叶鞘；孕穗末期，当剑叶叶鞘裂开，露出稻穗时，蚁螟极易侵入，其他生育期蚁螟蛀入率很低。因此，分蘖期和孕穗至破口露穗期这 2 个生育期，是水稻受螟害的“危险生育期”。

被害的稻株，多为 1 株 1 头幼虫，每头幼虫多转株 1~3 次，以 3 龄、4 龄幼虫为盛。幼虫一般 4 龄或 5 龄，老熟后在稻茎内下移至基部化蛹。

在栽培技术上，基肥足，水稻健壮，抽穗迅速、整齐的稻田螟害轻；追肥过迟和偏施氮肥，水稻徒长，螟害重。

温度 24~29 ℃、相对湿度 90%以上，有利于蚁螟的孵化和侵入为害，超过 40 ℃，蚁螟大量死亡，相对湿度在 60%以下，蚁螟不能孵化。

三化螟在余姚市主要发生于单季稻上，时间为 8—9 月。该虫害近几年在余姚市有所抬头，需要适当关注。

5. 稻曲病

稻曲病是水稻生长后期发生的一种真菌性病害，使稻谷千粒重下降，秕谷增多，当稻谷中病粒多时能引起人畜中毒症状，严重影响水稻产量与品质。稻曲病菌菌核从分生孢子座生出，黑色，内部白色，长椭圆形，入土休眠后产生子座，橙黄色，头部球形或椭圆形，直径 1～3 mm，有长柄达 10 mm 左右，头部外围生子囊壳。子囊壳为瓶形。子囊无色，圆筒形；子囊孢子无色，线形，单细胞，厚垣孢子球形，墨绿色，表面有瘤状突起，未成熟的孢子较小，色淡，近光滑。厚垣孢子在水中萌发产生细小的芽管，生 1～3 个分生孢子。病菌在气温 24～32 ℃发育良好，而厚垣孢子发芽和菌丝生长则以 28 ℃最适宜，低于 12 ℃或高于 36 ℃不能生长。

该病害为害单个谷粒，少则 1～2 粒，多至十余粒。受害谷粒在内外颖处先裂开，露出淡黄色块状物，逐渐膨大包裹内外颍两侧，呈孢子球，开始很小，逐渐膨大，稍扁平，光滑，外覆盖一层薄膜，随着孢子球膨大而破裂。孢子球的颜色逐渐变为黄绿色至墨绿色，老面平滑，最后龟裂，散出圈绿色粉末。若切开病球，可见外层呈墨绿色，第 2 层为橙黄色，第 3 层为淡黄色，内层为白色菌丝。有的病球到后期两侧生黑色稍扁平、硬质的菌核 2～4 粒。

稻曲病病菌可由落入土内的菌核或附着种子上的厚垣孢子越冬，次年菌核产生厚垣孢子，由其再小孢子和子囊孢子，都是主要的初次侵染菌源。子囊孢子和小孢子均可侵染花器及幼小颖花。病菌早期侵入花器，只破坏子房，而将花柱、柱头、花蕊碎片等埋藏于胚乳，然后迅速生长，取代并包围整个谷粒。

稻曲病在余姚市的发病特点如下：品种差异与发病轻重关系密切：杂交稻重于常规稻，甬优系列杂交稻易感病。水稻抽穗扬花期，多雨、适温（26~28 ℃）、日照少有利于发病。栽培管理上表现为氮肥施用过多，造成水稻贪青晚熟，会加重病害的发生。在菌源基数上表现为上一年发病重的田块菌源多，可能发病就重。

2019 年余姚市稻曲病发生程度明显重于 2018 年，发生面积有所增加。品种间差异很大，杂交稻特别是甬优系列杂交稻非常容易感病，发生较重，防治差的田块最多病穗率达 80%以上。宁 88（连作晚稻）、嘉禾 228 等常规稻也有发生，有些田块发病也比较重，但大多发生程度较轻。

主要防控措施：稻曲病防控的关键是防治时间。防治适期：施药适期是在全田 30%左右水稻剑叶叶枕与倒二叶叶枕的距离为 0~5 cm 时，甬优系列杂交稻在破口前 7 d 左右防治，第 2 次在齐穗期。防治药剂：啶氧·丙环唑、苯甲·嘧菌酯、苯甲·丙环唑、肟菌·戊唑醇、丙环唑等。

6. 稻瘟病

稻瘟病是由稻瘟病原菌引起的水稻病害。稻瘟病原菌属于半知菌类丛梗孢科、梨形孢属，无性阶段为灰梨孢菌，属半知菌类梨形孢属；有性阶段为灰色大角间座壳菌属子囊菌广大角间座壳属。菌丝无色透明，丝状，有隔膜。分生孢子梗 3~5 根丛生成束，有时多达 10 根，从气孔或病部表皮伸出，线状不分支，有 2~8 隔膜，基部稍膨大，略带褐色，越接近上部颜色越淡，其顶端可产生分生孢子 5~6 个，多的达 9~20 余个，顶端屈曲处有分生孢子脱落的痕迹。分生孢子无色透明，鸭梨形或慈姑形。

成熟孢子通常有2个隔膜，顶端尖，基部钝圆，有小突起，萌发时两端细胞产生芽管，芽管的顶端，产生附着胞，呈球形或椭圆形，深褐色，壁厚，能紧紧贴附于寄主体上，产生侵入丝，入侵寄主组织。病菌分生孢子的大小常因不同菌株和培养条件而有一定的差异。

分生孢子的形成以空气湿度达饱和时最好，相对湿度低于90%，孢子形成量就减少到1/10左右，相对湿度在80%以下几乎不能形成。孢子须有水滴存在且相对湿度达96%以上时，才能萌发良好。当空气湿度饱和而无水滴时，萌发率就减少到1%以下，相对湿度低于90%，则不能萌发。病菌侵入过程中所需保湿时间与温度有关，26 ℃需6 h，28 ℃需8 h，32 ℃需10 h，34 ℃则不能侵入。

余姚市的稻瘟病是灾害性和常发性病害，其发生极具流行性、毁灭性，可防不可治。发生流行的基本条件是感病品种及其感病生育期遇低温多雨多雾寡照天气。根据发生时期和部位不同分为苗瘟、叶瘟、节瘟、谷粒瘟、枝梗瘟、穗颈瘟，以穗颈瘟为相对多发。

穗颈瘟一般多在出穗后收到侵染，有的在叶梢中尚未完全外露时即受侵染。病斑初期为暗褐色，逐渐向上下扩展，形成水渍状褪绿病斑，最后变黑褐色，也有的后期呈枯白色，病斑长可达3~4 cm。穗颈瘟严重影响产量，始穗期发病的常造成白穗，造成整穗不结实，与螟虫的为害症状极为相似，但是也容易识别：穗颈瘟在病部有青灰色霉状物，并且茎秆上无虫蛀孔。发病迟或轻时，空秕谷增加，千粒重降低，碎米率提高，商品性变差。

余姚市稻瘟病发生特点如下。

（1）发病面积大，发生程度重。2015 年不同程度发病面积为21 041亩（2014 年为20 650亩），其中绝收（穗发病率 80%以上）1 880亩，穗发病率 30%～80%的有 8 800亩，穗发病率 30%以下的 10 360亩。

（2）发病品种多，品种间差异大。宁 81、宁 84、宁 88（连作晚稻）、嘉禾 228 发生较重，占晚稻总面积的 90%以上，其中宁 81 发病约 8 000亩，损失 30%以上的有约 6 200亩，其中绝收 490 亩；宁 84 发病约 5 300亩，损失 30%以上的有约 3 200亩，其中绝收 1 300亩；宁 88 发病约 4 800亩，损失 30%以上的有约 400 亩。秀水 134、甬优系列杂交稻发病面积小，程度轻，绝大部分零星发病，对产量影响小。

（3）发病范围广。稻瘟病一般山区发生较多，平原稻区已有 20 多年未大发生。2014 年开始大多乡镇都有不同程度的发病，应引起高度重视（表 5）。

表 5　2011—2015 年余姚市稻瘟病发生情况

年份	发病面积/亩	绝收面积/亩	主要品种	发病区域
2011	4 000	2 000	研优 1 号	山区
2012	未发生			
2013	未发生			
2014	20 650	2 555	浙粳 88、宁 81、宁 84、嘉禾 228	全市
2015	21 041	1 880	宁 81、宁 84、宁 88、嘉禾 228	全市

主要防控措施：①选好水稻品种；②做好种子处理；③抓好苗期叶瘟预防；④破口初期-抽穗期穗颈瘟预防。防治药剂：三

环唑，破口初期用药，7 d 一次，连续 2~3 次。

7. 纹枯病

纹枯病是由立枯丝核菌侵染引起的一种真菌病害，也是水稻发生最为普遍的主要病害之一，一般早稻重于晚稻，往往造成谷粒不饱满，空壳率增加，严重的可引起植株倒伏枯死。

立枯丝核菌主要以菌核在土壤中越冬，也能以菌丝体的形式在病残体上或在田间杂草等其他寄主上越冬。翌年春灌时菌核飘浮于水面与其他杂物混在一起，移栽或直播后菌核黏附于稻株近水面的叶鞘上，条件适宜时生出菌丝侵入叶鞘组织为害，气生菌丝又侵染邻近植株。水稻拔节期病情开始激增，病害向横向、纵向扩展，抽穗前以叶鞘为害为主，抽穗后向叶片、穗颈部扩展。病斑最初在近水面的叶鞘上出现，刚开始时是椭圆形，水渍状，随后呈灰绿色或淡褐色逐渐向植株上部扩展，病斑经常汇合在一起成不规则形状，病斑边缘灰褐色，中央灰白色。早期落入水中菌核也可引发稻株再侵染。早稻菌核是晚稻纹枯病的主要侵染源。植株是否发病是由菌核数量决定的。

纹枯病是余姚市水稻常发性病害，常年普发重发，对产量影响最大，严重田块损失达 50%以上，超过其他病虫害。特别是直播稻，由于用种量大、密度大，为害重。纹枯病为害水稻基部，往往容易忽视。

该病的发病特点如下。

（1）重发田块为害上三叶，严重影响产量。

（2）气候：高温高湿性病害，25~31 ℃，湿度在 80%以上，发病重，特别是梅雨季节。

（3）菌源普遍存在。

（4）栽培管理：长期深灌、氮肥施用量过大、偏施或迟施、种植密度高，则发病重。

主要防治措施：预防为主；主要在分蘖末期至孕穗后期以及破口前7 d至齐穗期进行防治。

防治药剂：第1类是专用药剂，如噻呋酰胺。该药剂的特点是特效、长效20 d、低剂量；只对纹枯病有效，分蘖期使用。第2类是广谱性杀菌剂，如嘧菌酯、三唑类混剂，特点是高效、长效（10～20 d）、广谱、低剂量，兼治其他病害，特别适合穗期使用。第3类是生物制剂，如10%井冈霉素水剂，7 d一次，早晚稻要连续使用3次，单季稻要连续5～7次，高效、高剂量，药效易受阴雨天气影响，适合晴天、阴天用药，兼治用药，药剂成本低劳力成本高，综合成本最高。

8. 白叶枯病

水稻白叶枯病由稻黄单胞菌水稻致病变种引起，该病菌属真细菌目，假单胞菌科，黄单胞菌属，短杆状，一根极生鞭毛，不形成芽孢。白叶枯病菌主要在稻种、稻草和稻桩上越冬。病斑上的溢脓，能随风雨、露水、灌溉水和叶片接触等进行再侵染，从叶片的水孔和伤口侵入。暴风雨天气最利于水稻白叶枯病的发生和流行。

水稻白叶枯病又称白叶瘟、茅草瘟、地火烧等，对产量影响较大，秕谷和碎米多，减产达20%～30%，重的可达50%～60%，甚至颗粒无收。浙江省20世纪70—80年代发生较重，为水稻三大病害之一（稻瘟病、纹枯病和白叶枯病）。20世纪90年代以后发生减轻，2009年前后开始回升加重，2019年浙江省除嘉兴、舟山没有发生白叶枯病外，均有发生，以温州、台州、宁波、衢州为重，绍兴、金华、丽水、杭州、湖州为近年新发区域。余姚市自2020年开始部分田块也出现较为严重的病害。

水稻白叶枯病全生育期都可发生，在大田一般于孕穗至抽穗期发病。主要为害叶片，也可侵染叶鞘和茎，病害症状一般分为普通型（叶枯型）、急性型、凋萎型、中脉型、黄叶型等。

普通型：即典型的叶枯型症状。苗期很少出现，一般在分蘖期后才较明显。发病多从叶尖或叶缘开始，此病的诊断要点是病斑沿叶缘坏死，呈倒“V”字形斑。病部有黄色菌脓溢出，干燥时形成菌胶。

急性型：发生在环境条件适宜（多肥、深灌、高温闷热、连阴雨）或感病品种上。病叶暗绿色，迅速扩展，几天内全叶呈青灰色或灰绿色，随即迅速失水纵卷青枯，病部也有黄色珠状菌脓。

中脉型：分蘖至孕穗阶段，在剑叶下1~3叶中脉表现为淡黄色症状，沿中脉上下扩展，并向全株扩展成中心病株，抽穗前枯死。

凋萎型：也称枯心型，一般不常见。杂交稻及一些高感品种相对多见。多发生在秧田后期至拔节期。病株心叶或心叶下1~2叶先失水、青枯（与螟虫为害后的枯心症状相似），之后其他叶片相继青枯。与螟害区分上，主要是病部有黄色菌脓，但无虫蛀孔。

黄叶型：不常见。成株新叶均匀褪绿或呈现黄绿色条斑，无菌脓，病株生长不良。

白叶枯和生理叶枯区别，①镜检法：显微镜下观察有无喷菌现象；②玻片法：简易玻片直接观察喷菌；③保湿法：病叶置湿沙上保湿24 h，观察菌脓；④染色法：红墨水染色。

主要防治措施：关键是要早发现、早防治，封锁或铲除发病株发病中心。苗期至分蘖期较抗病，分蘖末期抗性降低，孕穗、抽穗期最易感病。水稻拔节后，加强田间病情监测，对感病品种要早检查，若发现发病中心，应及时施药防治，大风雨后受淹稻田要喷药保护。台风、暴雨过后要及时施药。在水稻伤口期或病菌易侵入期至显症前为最佳药剂预防期，在初见至初病期为较佳药剂防控期

防治药剂：噻唑锌、噻霉酮、噻菌铜、噻森铜。

9. 细菌性基腐病

近年来，水稻细菌性基腐病为害面积有逐年增加趋势，以单季稻发病为主，发病品种有宁88、宁84、甬优538、嘉禾218等。水稻制种田也发生细菌性基腐病。

病原室内培养最低温度12 ℃，适宜范围28~36 ℃，32 ℃最适，最高温度41 ℃，致死温度为53 ℃；pH值为5~11，pH值7最适宜。牛肉浸膏蛋白胨琼脂培养基上菌落呈变形虫状，初乳白后变土黄色，无光泽。厌气生长，不耐盐，能使多种糖产酸，使明胶液化，产生吲哚。

细菌可在病稻草、病稻桩、杂草上及含病残体的土壤中越冬，可在土壤、田水及病残体中存活。病菌从水稻叶片上水孔、伤口及叶鞘和根系伤口侵入，以根部或茎基部伤口侵入为主。侵入后主要集中于根茎基部，在根基的气孔中系统感染，有潜伏侵染现象，能在整个生育期重复侵染，能通过流水传播。

基腐病菌在水稻整个生育期都可以侵入，主要发生在分蘖至抽穗阶段。水稻分蘖期发病常在近土表茎基部叶鞘上产生水浸状

椭圆形斑，渐扩展为边缘褐色、中间枯白的不规则形大斑，剥去叶鞘可见根节部变黑褐，有时可见深褐色纵条，根节腐烂，伴有恶臭，植株心叶青枯变黄。拔节期发病叶片自下而上变黄，近水面叶鞘边缘褐色，中间灰色长条形斑，根节变色伴有恶臭，有些发病植株偏矮，也有的是先失水青枯后变黄。穗期发病病株先失水青枯，后形成枯孕穗、白穗或半白穗，根节变黑褐色有恶臭味，有短而少的侧生根。

如前所述，基腐病的独特症状是病株根节部变为褐色或黑褐色腐烂，有恶臭味。分蘖至拔节期侵染为害，会造成稻株枯死，影响基本苗数。孕穗期后发病，造成枯孕穗、半枯穗和枯穗，秕谷率高，千粒重下降。大田发病一般有3个明显高峰：前期“枯心死”，分蘖期进入第1个发病高峰，幼苗拔节前死亡；中期“剥皮死”，孕穗期进入第2个发病高峰，10%不能抽穗而枯死；后期“青枯死”，抽穗灌浆期进入第3个发病高峰，导致许多枯孕穗。水稻细菌性基腐病的发生还具有突发性、偶发性和严重性等特点。

主要防治措施如下。

（1）选用抗病品种。一般地籼稻比粳糯稻抗病；早稻比中稻、晚稻抗病；籼型杂交稻比常规稻抗病。品种间存在抗性差异，青枯率0~8.20%。

（2）科学肥水管理。浅水勤灌、干干湿湿，适时搁田，加强健身栽培。偏施或迟施氮素，稻苗嫩柔，发病重；分蘖末期不脱水易发病；烂塘田、冷水田、地势低田、黏重土壤通气性差，发病重。

（3）化学防治。防治适期为分蘖初期、孕穗初期。药剂可用3%噻霉酮可湿性粉剂60 g/亩和40%春雷·噻唑锌悬浮剂60 mL/亩。

10. 田间杂草

水稻田除草面临诸多问题，包括技术要求高，药剂成本高，草相复杂、危害重，出草时间较长、施药适期短以及抗药性问题。

浙江省水稻田共有杂草40多科130多种。余姚市常见的主要有禾本科的稗草、千金子、马唐、李氏禾等，阔叶杂草类的矮慈姑、鸭舌草、耳叶水苋、丁香蓼、节节菜、水竹叶、空心莲子草、四叶萍、陌上菜等，莎草科的异型莎草、碎米莎草、牛毛毡、日照飘拂草等。

余姚市杂草危害从程度来看，单季晚稻>连作晚稻>早稻，早稻田杂草种类少，出草慢，以稗草占绝对优势，千金子相对较少；直播>移栽田，直播田杂草种类多、出草周期长（30~40 d)，比移栽稻田长20 d左右，化学除草相对较难。

直播田杂草萌发出草有2个高峰，第1高峰在播种移栽后5~10 d，主要是稗草、千金子、莎草。第2高峰在播种移栽后15~20 d，主要是阔叶、莎草杂草为主。直播田20 d后稗草(4.5叶）高度超过水稻（4叶)，并出现分蘖。

不同时期杂草防除需要采取不同思路，播后芽前采用土壤封闭方法，秧苗前期使用茎叶处理剂，秧苗后期采取灌水控草、以稻控草的方法。

(1）土壤封闭。秧田、直播田使用药剂：17.2%苄嘧·哌草丹可湿性粉剂，早稻播种塌谷后当天至3 d内，亩用250~300 g；40%苄嘧·丙草胺可湿性粉剂，适宜早稻直播田，催芽播种后

2~4 d 用药，亩用 45~60 g。上述药剂任选一种，加水 45 kg 均匀喷雾，喷药时秧板要平整不积水，喷药后保持秧沟有水，秧板湿润。移栽田使用药剂：移栽后 5~7 d，机插及抛秧田亩用 50%苄嘧·苯噻酰可湿性粉剂 40~60 g 或 35%苄·丁可湿性粉剂 100~120 g，手插移栽大田可以用苄·乙，拌尿素适量均匀撒施，施药后保持薄水层 5~7 d。

（2）茎叶处理（播后 10~15 d）。使用药剂：2.5%五氟磺草胺悬浮剂 50 mL+10%氰氟草酯乳油 50 mL/亩；2.5%五氟磺草胺悬浮剂 50 mL+10%氰氟草酯乳油 50 mL/亩；五氟·氰氟草；10%噁唑·氰氟草悬浮剂 120~150 mL/亩。防除适期：在稗草 2~3 叶期（播种后 10~12 d）；喷药前排干水，喷药后第 2 d 复水并保持 5~7 d，以水控草；阔叶杂草较多的田块，混用 48%灭草松水剂 100 mL 或 46% 2 甲·灭草松水剂 75 mL/亩。

在生产实践中，除草剂药害出现的频率相对较高，究其原因，主要有 4 种，一是使用不当，包括药剂选用、施药器械选择、施药质量（时间、用量、重喷）、肥水管理（淹没心叶）不当；二是药液发挥与雾滴飘移；三是环境因素；四是产品质量。二氯喹磷酸使用不当，很容易产生药害，主要表现为水稻心叶卷曲、葱管状，药后水稻叶面发黄、生育期推迟，抑制水稻根系正常生长。但是有些药害对水稻生长的影响较小，如局部喷灭草松药量过大，水稻叶片在 2~3 d 内可能出现小斑点，但施药后 7~14 d 即可恢复正常对水稻生长及产量无不良影响。

一旦产生药害，可以采取如下相应补救措施。

——使用植物生长调节剂：激素可缓解药害，促进生长，一般以内源性植物激素为宜，如芸苔素内酯、赤霉素等，但要注意浓度。

——施肥：尿素、硫酸钾等速效肥料、叶面肥，能促进植株及其根系生长。

——加强田间管理：磺酰脲等土壤处理类除草剂，发生药害后可放水洗田，稀释药剂，促进其淋溶和流走；淋洗后排水晾田，增强土壤微生物活动，提高土壤通气性，促进药剂降解，同时有利根系生长。内吸型除草剂引起的药害，如发现及时，可立即用大量清水冲洗。

11. 种子处理（防恶苗病）

水稻种子处理的目的是直接杀灭种传病害，如恶苗病、干尖线虫病、白叶枯病、稻瘟病等。也可预防幼苗期虫害及虫传病害，如蓟马虫、稻飞虱等。种子处理是投入少、效果显著的技术措施。余姚市水稻种子处理主要是预防恶苗病。

恶苗病在余姚市发生较频繁，主要是种子带菌率高、药剂浸种不对路、浸种方法错误。恶苗病的发生在品种间有一定差异，但是无免疫品种。重发品种为中早 39（易感）、宁 88、宁 84、嘉禾 228、秀水 134。恶苗病的菌源来自种子带菌，种子催芽时是病原菌最易侵染的时候，全生育期都显症，发病高峰为秧苗期（播后 10~15 d）、分蘖期和穗期。

恶苗病防治的最佳方法是药剂浸种，田块一旦发病很难防治。药剂浸种可以用 25%氰烯菌酯悬浮剂，具体方法如下：用 25%氰烯菌酯悬浮剂 2 000倍液浸种，即每毫升药剂加水 2 kg，先搅拌均匀形成药液后，再浸入干种子，浸入稻种后再次搅拌均匀，捞去上浮瘪谷，一般需浸足 48 h，捞起沥干后直接催芽、播种。

浸种过程中需要尤其注意以下5个要点。

（1）用水量。1∶(1.2~1.5)。

（2）浸种时间。48 h以上，但是甬优系列杂交稻只需12~24 h。

（3）浸种的地方要避免阳光直射。

（4）浸种顺序。先兑好药液，搅匀，再加入干种子拌匀。

（5）种子生活力弱的后期管理要跟上。

三、栽培技术

1. 秧田准备

选择肥力中等、排灌便利、背风向阳、邻近大田的田块作秧田，采用沟泥育秧的不要选择公路和机耕路两旁的田块。早稻和连作晚稻秧本比为（1∶60）~（1∶70），单季晚稻为（1∶80）~（1∶120）。由于前期雨水太多，田间积水没有及时排干的，选择做秧田的，要及早开沟排水，待田干后再翻耕整秧板。秧田最好燥耕湿整，做成上糊下松的半旱通气秧田。播前5~7 d做秧板，保证秧板充分沉实。要求秧田面平、草净、沟深，排灌灵通。秧板净宽1.6 m，沟宽0.40 m。做秧板时在毛秧板上亩施碳铵15~20 kg、过磷酸钙20 kg和氯化钾5.0~7.5 kg，耥平后铺上秧盘。采用大棚育秧的，由于部分采用喷滴灌供水和基质育秧，对相关的要求可以适当放宽。

2. 品种选择

早稻一般以优质、高抗、稳产的中早39、中组143为主，甬籼15和甬籼69作为早熟直播品种，有利于大户调配劳动力。连作晚稻选用宁88和秀水134这2个品种。单季晚稻选用产量潜力大的籼粳杂交稻如甬优538等，也可选用优质米常规粳稻嘉禾218等。

3. 抢晴晒种

打破种子休眠，促进酶的活性，提高种皮通透性，增强发芽势，提高发芽率。

4. 种子准备

在做好晒种、发芽试验等工作基础上，要求采用盐水选种，籼稻种子盐水比重为1.06（大约1 kg水加入120 g盐），粳稻种子盐水比重为1.1，杂交稻用清水漂选，分浮、沉2个部分，分别催芽、播种。

5. 种子消毒

主要目的是解决恶苗病。水稻恶苗病是种子带菌引起田间发病，近年有加重趋势。有效办法是药剂浸种处理。

6. 种子催芽

（1）高温破胸。将吸足水分的种子放入50 ℃左右的温水中泡5~10 min（增加能量），起水后立即用湿麻袋包好种子，四周用稻草覆盖保温（麻袋、稻草的作用是透气、保温、保湿），稻种很快就会升温，温度应保持在35 ℃左右（保持在38 ℃上限内），隔半天用手摸一下种子，不烫手就可以。切不可用塑料布、塑料编织袋、尼龙袋包扎，因为其透气性差，容易造成种子缺氧（种子破胸时要呼吸大量氧气），产生酒精，使种子中毒死亡。稻谷在自身温度上升后要掌握谷堆上下内外温度一致，必要时进行翻拌，使稻种间受热均匀，促进破胸整齐迅速。一般12~24 h就可破胸。

（2）适温催芽。种子白芽露出后是最容易烧芽的时候，要立刻降温至28 ℃以下，只要不超过30 ℃，就不会烧芽。破胸出芽后，揭去稻草，温床温度控制在25~28 ℃，湿度保持在80%左右，维持12 h左右即可催出标准芽，当芽长半粒谷，根长一粒谷时即达到催芽要求。机插催短芽（1/3粒谷）。

（3）低温炼芽。由于出芽是在较高的温度下进行的，这一温度一般要高于当时的气温。摊晾炼芽使种芽得到锻炼，增强芽谷播种后对外界环境的适应能力、增强种芽的抗性和提高生命力。一般在芽谷催好后，置室内摊晾，在自然温度下炼苗1 d，达到内湿外干就可播种了。

7. 适时播种

确定水稻播种时间的依据是气候条件、品种特性、前后作的关系。播种过早，达不到水稻发芽、生长的条件，容易出现烂种、死苗。播种过迟，影响连作晚稻生产。对于早稻而言，日平均气温稳定在12 ℃以上时，可开始播种。早稻面积大的农户要分期分批播种，避免超秧龄。抛秧一般3月底至4月初播种；机插在3月25日后，遇天气晴好，即可播种。抛秧采用434孔抛秧盘，每亩用种5~6 kg，播120盘，每盘播42~50 g；机插每亩用种4.5 kg，播35盘，每盘播130 g左右。对于连作晚稻，7月上旬播种，每亩大田用种量5 kg左右，播35盘，每盘播芽谷150~160 g。对于单季晚稻，可根据品种特性确定播种适期，一般掌握在5月下旬播种。常规粳稻大田每亩用种量3 kg左右，播25盘，每盘播芽谷140 g。杂交粳稻大田每亩用种量1.25 kg左右，播18盘，每盘播芽谷80 g左右。

8. 秧田管理

（1）秧田喷药。播种后当天亩用17.2%幼禾葆粉剂250~

300 g 加水 40 kg 均匀喷雾。化学调控提倡 1 叶 1 心期喷施为好，每亩秧田用 5%多效唑可湿性粉剂 30～50 g，按 1∶2 000倍液兑水喷雾（不漏喷，不重喷）。

（2）地膜管理。早稻育秧在 2 叶期前，一般要求密封，以保温、保湿为主，如膜内温度超 35 ℃，需灌满沟水，以水降温。2 叶期以后，根据气温变化及时通风炼苗。

（3）水浆管理。早稻以沟灌湿润为主。播种至 2 叶期，一般晴天灌半沟水，阴雨天排干水，保持土壤湿润通风，促进扎根出苗。2 叶期后至移栽前 3～5 d，每隔 3～5 d 灌一次平沟水或跑马水，始终保持盘土湿润。连作晚稻秧苗冒青前灌水不超过盘面，否则在高温下芽谷易烫死。起秧前 1 d 晚上灌“跑马水”，保持盘土湿润，插秧时如盘土过干应立即洒水。

（4）断奶肥。早稻不施，单季和连作晚稻看苗施肥。

（5）施起身肥。早稻于插种前 5 d 左右、单季稻于插种前 3～4 d、连作晚稻于插种前 2～3 d 施肥。不管秧苗嫩绿与否均应施肥，秧苗较嫩绿的，施肥时间推迟，施肥量减少。

9. 机插移栽前注意事项

（1）提高播种质量的方法（主要针对小拱棚育秧而言）。盘泥软硬适中，以播后半粒种子入泥为宜。坚持带秤下田，实行局部控制。秧板板面沉实，达到“实、平、光、直”的要求。播种到边到角，先播 3/4，用 1/4 补边补角补空缺。

（2）低温冷害处理办法。机插秧遇低温要及时灌水上板，需特别注意 2 叶期前后揭膜后低温冷害，若温度过低，需深水护苗。若湿冷天气持续时间长，需要在秧田水温和土温、气温差较小时采取勤灌勤排或夜灌日排的方法，以提高水温和供给氧气，防止死苗。冷后暴晴要及时灌深水护苗，缓和温差，后逐渐排水，切忌在天晴时立即排干水，否则易发生青枯死苗。

（3）烂种。原因：一是种子质量问题，种子成熟不良，储藏过程中受潮发霉等；二是浸种时换水不勤，种子中毒；三是催芽时温度过高，使种子失去发芽力。以下为应对措施：一是搞好种子储藏；二是把好种子质量关；三是把好浸种、催芽温度关。

（4）机插大棚育秧不出苗或出苗不齐。主要原因是秧板表面不平整或者补水不勤。因此要确保秧板平整，加强补水力度，确保苗床湿润。另外，采用叠盘暗出苗技术也可以较好地解决这一问题。

（5）移栽前加强通风炼苗。一般在白天温度高于 20～25 ℃或膜内温度高于 30～35 ℃时要及时揭膜炼苗。通风窗口从小到大，通风时间从短到长，逐步调整。只有当最低温度稳定在 15 ℃以上时才可以全部揭膜，但揭膜前一定要先灌水护苗，防止秧苗突然生理失水造成青枯死苗。

10. 栽前要求

（1）大田整田。整田要求田块平整、田面整洁、表土硬软度适中、泥浆沉实达到泥水分清。结合耕耙施好基肥，氮肥比例为 30%左右，磷肥全部作基肥，施肥后耙平。要保证泥浆充分沉淀。耙田后土壤需要经过一段时间沉淀，否则易导致插种过深，影响分蘖。

（2）秧龄要求。早稻 20～25 d，单季稻 15～18 d，连作晚稻尽可能控制在 20 d 内，最长不超过 25 d。

（3）盘土的湿度要求。早稻要求保持盘土干爽，连作晚稻要求保持盘土湿润。

（4）秧苗的运输要求。在运秧过程中卷秧叠放层数不宜过多，防止秧块变形。秧苗运输和放置过程中要注意遮阳，避免高温引起秧苗卷叶。同时，要求做到随起、随运、随栽。

（5）机插秧苗的基本要求。秧苗分布均匀，根系盘结，能适合机械栽插；秧苗个体健壮，无病虫害，能满足高产要求。形态指标和生理指标：茎基粗扁，叶挺色绿、根多色白，植株矮壮。厚薄一致，提起不散，形如毯状。

11. 移栽技术

（1）抛秧。当秧苗叶龄在3.5叶以上，苗高10 cm左右时可以抛栽；每亩抛足11万~13万根苗。先抛2/3秧苗，再用1/3秧苗补稀、补田边田角。抛栽后4~5 d，删密补稀，合理匀苗。

（2）机插。当秧苗叶龄在3叶以上时候开始机插，深度控制在1.5~2.5 cm，机器换行时尽可能靠近已插行，力争多插，每亩早稻插10万左右基本苗。单季晚稻的机插尺寸可以适当放大。查苗补缺：当缺株较多时，在插种后2~3 d内补苗，可以用同时期播种的抛秧苗补缺。

（3）注意天气变化。早稻不在刮西北风天气、下大雨时插秧，连作晚稻要尽量避开中午高温，宜在午后温度相对较低时插种。

（4）带药移栽。机插秧苗由于苗小，个体较嫩，易遭虫害，栽前要进行一次药剂防治工作。在栽前1~2 d亩用20%氯虫苯甲酰胺悬浮剂5 mL兑水15 kg进行喷雾。在稻条纹叶枯病发生区，防治时应每亩加70%吡虫啉水分散粒剂2 g喷施，控制灰飞虱的带毒传播危害，做到带药移栽，一药兼治。

（5）保持田面一定的水层。泥浆充分沉淀，早稻插种时田面保持薄皮水，连作晚稻保持浅水层。

种粮大户一般栽培方式多样，既有抛秧、直播，又有机插，首先在播种时要分批。插种时先安排秧龄要求短的品种，后安排秧龄要求长的品种，先机插后抛秧，有手插的安排在最后。尽量做到适龄壮秧移栽，防止超秧龄“小稻头”。

为促进机插早稻早发，需要做到以下6点：①培育壮秧，炼好苗，施好起身肥，带肥下田；②清水插秧，尽可能避免在刮西北风的天气插秧；③保持大田平整；④插后及时灌浅水护苗，但要防止灌水过深；⑤插后1片新叶后开始露田，增温增氧防发僵；⑥大田基肥不宜过多，第1片新叶抽出后施分蘖肥，分次施追肥。

12. 大田管理

（1）施肥技术。基肥比例适当减少，追肥分次施用。

（2）基肥35%、苗肥50%~55%、穗肥10%~15%；单季常规稻基肥35%、苗肥30%~35%、长粗肥10%、穗肥25%~30%。

（3）苗肥施用方法。分次施用分蘖肥，第1次苗肥早稻在栽插后7 d后单季稻栽后5~7 d，连晚栽后4~5 d；栽后12~14 d施第2次分蘖肥，同时注意促平衡。

（4）早稻和连晚适施穗肥，一般只施保花肥，不施促花肥，施用时间可适当提早；单季常规稻穗肥比例增加。

（5）水浆管理。原则：薄水立苗，浅水分蘖，够苗搁田，水层孕穗，干湿交替到黄熟。立苗期薄水立苗。全田立苗后，结合施肥和施除草剂，建立3~4 cm水层，保水4~5 d，以杀灭杂草或抑制杂草种子萌发。此后放浅田水，促进分蘖，并适时露田，增温、增氧，排除有害物质。当全田苗数达到计划有效穗数的80%时即排水搁田，搁田要求早搁、轻搁、多次搁，做到“苗到不等时”，同时挖深丰产沟。另外要做到“时到不等苗”，即到了有效分蘖临界叶龄期，不论苗多苗少，都要及时搁田。幼穗分化期一般采用灌一次1寸（1寸≈3.33 cm）左右浅水，自然落干后立即复水，保持土壤湿润。至成熟，干干湿湿，活水到老。遇高温天气，日灌夜排，防高温逼熟，防早衰，防倒伏。收割前5~7 d断水，但要保持收割时土壤湿润。

13. 机插水稻常见的僵苗现象与对策

机插水稻的秧苗素质与常规育秧秧苗差距较大，机插后如遇不良环境条件，将表现为多种类型的僵苗现象。僵苗是机插水稻分蘖期出现的一种不正常的生长状态，主要表现为分蘖生长缓慢、稻丛族立、叶片僵缩、生长停滞、根系生长受阻等现象。

（1）苗质型。播种量过高或严重超秧龄，致使秧苗细长，叶色发黄，风吹易倒，蹲苗期显著长于适龄正常秧苗，对这种苗质差的秧苗，需采取精细肥水管理，使秧苗逐渐恢复生机。

（2）药害型。主要是指大田化学除草过程中，使用的药剂品种不对路，药剂用量太大或水层管理不当引起，造成叶片伤害、生长停止，应在正确选用除草剂，合理用药的基础前提下，对已受害的秧苗，采取相应的管水、补肥措施或使用生长调节剂，促使恢复生长。

（3）深栽型。大田旋耕次数过多、耕整后土壤未经沉实或沉实不够，造成深栽，秧苗返青后生长受挫，待分蘖节位抬上一段，在土壤温度和通气条件满足后，才能正常长叶、分蘖，采取沉实土壤后再下机作业的措施。

（4）管水不善型。机插后一直水层灌溉，秧苗根系发育差，生长缓慢，叶色偏淡，应采取排水露田 1~2 d，使土壤通气增温，促进秧苗新根长出。

14. 直播稻

直播稻应用直播技术关键要抓好一播全苗、防治杂草、水肥运筹等技术环节。

（1）一播全苗。种子处理：氰烯菌酯浸种防恶苗病；每 5 kg 种子再加 1~2 g 70%吡虫啉水分散粒剂农药（也可以在播种前拌种，预防飞虱和叶蝉）。秧田准备：秧板宽一般 3~4 m 为宜，便于操作管理，板面平整无积水，提倡隔夜播种，避免现耕现耖现播，防止陷籽烂种。适时适量播种：根据余姚市气候特点和规律，早稻在 4 月 15 日前后稳定通过 12 ℃，直播比较安全，抓住“冷尾暖头”抢晴播种，均匀播种，力争全苗匀苗，早稻亩用种量 5 kg 左右，单季晚稻 3.0~3.5 kg，要催芽播种。避雀害：在催芽后播种前，每 5 kg 稻种拌 35%丁硫克百威种子处理干粉剂 20 g。播种后要防止鸡鸭等家禽进入秧田，以免发生中毒死亡。

（2）防治杂草。播种前除田间荒草，催芽播种后 2~4 d，防治田间杂草，用药后保持秧沟有水，秧板湿润。对前期失治或稗草仍较多的秧田，可在秧苗 3 叶期后补治。

（3）科学用水。从播种到 2 叶 1 心前，不能灌水上秧板，遇到田间过分干燥，也只能灌一次跑马水，不能淹灌太长时间，否则要引起烂种；2 叶 1 心后可灌水上秧板，以水护苗促生长，以后除防病治虫等需水期或水分敏感期灌水外，一般以秧板湿润为主，秧沟保持“晴天满沟水，阴天半沟水，雨天排干水”，促根系深扎。当田间苗数达到计划有效穗数的 80%时开始搁田控苗，从轻到重。

（4）合理用肥。施足基肥；在 2 叶 1 心期施断奶肥；4～5 叶期时施促蘖肥；后期看苗补施穗肥。

15. 浙江省主推技术

近年来，浙江省农业厅通过多种平台研究、示范、推广了适合全省各地的先进水稻种植技术，对浙江省粮食安全和现代农业的发展起到了重要的作用，以下介绍部分在余姚应用的浙江省水稻栽培主推技术。

（1）水稻叠盘出苗育秧技术。水稻叠盘出苗育秧技术是由一个育秧中心集中完成播种和出苗、而后将针状出苗秧连盘提供给育秧户、由不同育秧户完成后续育秧过程的“1+N”育秧模式。该技术通过控温控湿，解决出苗难题，提早出苗 2～4 d，提高成秧率 15%～20%；种子出苗后分散育秧，便于运秧和管理，方便机插作业，有利于扩大育供秧能力，降低运输成本，推动机插育秧社会化服务。

叠盘出苗技术要点：将流水线播种后的秧盘，叠盘堆放，每 25 盘左右一叠，最上面放置一个装土而不播种的秧盘，每个托盘放 6 叠秧盘，约 150 盘，用叉车运送托盘至控温控湿的暗出苗室，温度控制在 32 ℃左右，湿度控制在 90% 以上。放置 48～72 h，待种芽立针后从暗室移出，供给育秧点摆盘育秧。早稻叠盘出苗育秧，秧盘从暗室转运出来，室内外温差不宜太大，注意转运前先让暗室通风降温 1～2 h，再将出苗秧盘移出暗室。同时机插前炼苗，增强秧苗抗逆性。

（2）水稻机插侧深施肥技术。水稻机插侧深施肥技术针对水稻生产过程机械化程度低、肥料施用不科学、氮肥利用率低等问题，通过施肥机插一体化装备、缓控释肥、肥料定位机械深施等，实现水稻减肥高质高效生产。侧深施肥技术可将肥料精确送达根区，有利于构建水稻高产深层根系，减少氮素损失，促进稻株吸收氮素，提高氮肥利用率和稻谷产量，并节肥省工，是水稻减肥增效的一项新技术。

技术要点。选择具有同步侧深施肥功能的插秧机作业，按排肥方式不同，主要有气吹式和螺旋推进式两种。根据不同季节类型水稻的基蘖肥需求量及肥料养分含量，适时调节施肥机目标施肥刻度，确保合理机械施肥量，同时根据水稻品种、栽插季节、插秧机选择适宜机插密度，提高机插效果。宜选用水稻专用缓控释肥，肥料颗粒呈球形，直径 2~5 cm，吸湿性弱、不结块、不易压碎。插秧时需调整好侧深施肥机械排肥量，保证各条间排肥量均匀一致，不同肥料比重和粒径等不同，容易造成预设施肥量和实际施肥量的误差，在田间作业时，施肥器、肥料种类、转数、速度、泥浆深度、天气等都可影响排肥量，要及时检查调整。

（3）水稻两壮两高栽培技术。水稻两壮两高栽培技术是以培育壮苗为基础，以壮秆大穗为主攻方向，以适宜苗穗数量构建高光效群体，通过肥水促控挖掘个体生长潜能，以足穗大穗获取更高颖花量，以粗壮茎秆为物质支撑获得更高结实率和千粒重。“两壮”即壮苗、壮秆，“两高”即更高的群体总颖花量（亩有效穗数×每穗总粒数）、更高的籽粒充实度（结实率、千粒重）。

技术要点。根据生态条件和对品种生育特性的要求，因地制宜科学选用大穗型品种。根据所选择的品种特性和栽培制度，确定两高指标，即确定目标亩有效穗数、每穗总粒数、结实率和千粒重。

（4）优质稻全产业链关键技术。优质稻全产业链关键技术的集成推广指导了规模种粮主体选择适宜的优质品种，采用绿色的生产管理方式，进一步延长水稻产业链，打造自己的稻米品牌，通过“卖稻米”增加生产效益的模式。规模种粮主体通过本技术发展水稻产业化，把当季新鲜稻谷加工后直接推向本地市场，能够让本地人吃上本地产的优质米，符合当前市民对于优质新鲜绿色农产品的消费要求。

技术要点。选择无污染、水源水质良好、灌溉方便、土壤较肥沃的田块。根据当地气候生态条件和种植制度，选择适宜的优质稻品种。机插栽培是优质稻生产的适宜栽培方式，优质稻生产施肥要少施氮肥，多施有机肥，以限氮、增磷、保钾、补硅为原则平衡施肥，主要控制后期氮肥使用量，施入的比例越高，稻米的食味品质越差。优质稻生产需采用净水灌溉，做到前期防止干旱，后期避免断水过早，灌浆成熟期干湿交替，黄熟期排水晒田促进成熟，收割时田间无水，在稻谷90%~95%黄熟期收获。收获太早，成熟度差，大米外观和食味品质会变差；收获太迟，谷粒干枯，同样会影响外观和食味品质。需加工的优质稻烘干可选择自然干燥或者低温烘干、慢速升温的方式进行，烘干温度以35 ℃最为适宜，尽量避免50 ℃以上。环境相对温湿度对稻谷品质的影响较大，建议在储藏过程中，相对湿度控制在65%以下，短期储藏，温度控制在15 ℃以下；长期储藏，温度控制在5 ℃以下。加工前做好稻谷清理，去除杂质；加工过程中，按要求控制好加工精度，同时去除碎米等异粒米；建议适度抛光，可轻抛或少抛，去掉粒面的糠粉即可。

（5）再生稻生产技术。再生稻生产技术是利用一定的栽培技术使头季稻收割后的稻桩上休眠芽萌发生长成穗的一项水稻生产技术。该项技术免去了第 2 季水稻生产育插秧和稻田翻耕环节，具有省工节本和经济效益高等优点，是我国南方稻区一项重要的水稻轻简化栽培技术。

技术要点：选择再生能力强的优质高产品种，头季稻 3 月中下旬播种，4 月中下旬插秧。每亩肥料用量：头季稻化肥 N：P_2O_5：K_2O=（15~20 kg）：（10~12 kg）：（14~16 kg），再生季施尿素 25~30 kg。田间水分管理方面实施全过程干湿交替灌溉，促进根系发达。头季稻适宜成熟收割期为 8 月 5—25 日；合理留桩高度。

第三章　小　　麦

第一节　概　　述

小麦属禾本科小麦属，是近缘物种染色体重新组合、形成异源多倍体而产生的物种。现在广泛栽培的六倍体普通小麦是由野生种经过长期的演变进化而形成的。

小麦是全世界重要的粮食作物，印度、俄罗斯、中国、美国的种植面积最大，中国小麦播种面积占世界的约 10%，总产量世界第一，单产在世界上居中等水平。

我国小麦栽培历史悠久，新石器时代就开始种植。我国小麦在所有农业区域均有种植，但是中国幅员辽阔，气候类型多，因此也形成了多种生态类型区，以播种季节可分为冬小麦和春小麦两大类型，余姚属冬小麦类型区。

由于各地自然条件和生产条件相差很大，不同地区产量水平差异较多，总体表现为北方高、南方低。我国优质专用小麦品种不多，生产成本高、效益低。由于饮食习惯和生态条件所限，余姚种植小麦面积不大，近几年播种面积在 4 万亩以内，收获小麦本地食用较少，主要作为储备粮。

小麦可以加工成各种商品、食品，如面粉、面条、方便面、面包、蛋糕等，小麦还可以作为酿造原料。小麦的营养价值较高，含碳水化合物 60%~80%，蛋白质含量 8%~15%，矿物质 1.5%~2.0%，脂肪 1.5%~2.0%。小麦麦麸是良好的精饲料，麦皮可作为基质为其他作物生长提供养分，秸秆也可以作为造纸、编织、建筑原料等。

第二节　形态结构

一、根

小麦根系包括初生根和次生根。由主胚根以及接连出现的侧根所构成的根系在小麦生长发育的最初阶段出现，通常被称作初生根（种子根、胚根），一般有 3~5 条，多的可达 7 条。分蘖期间，在分蘖节上产生的粗壮发达、密布根毛与分枝、和地面构成锐角的根是次生根（节根、不定根），每节上一般产生 2~3 条。小麦主茎叶龄（n）与发根节位具有（n-3）的数量关系。小麦种子根细而坚韧，入土深，冬小麦可深达 3 m，次生根入土浅，集中于 20~30 cm 的耕作层中。根系在土壤中一方面纵向下扎，另一方面横向扩展，成熟期单株根群常呈倒圆锥形或卵圆形，横向分布直径 80~120 cm。小麦根系的主要功能包括物质吸收、物质合成、物质运输、固定植株、分泌作用、信号传导等。温度、水分、营养条件、播种期、种植密度、土壤质地与深耕等因素影响小麦根系的生长。小麦根系生长适宜温度为 16~20 ℃，田间最大持水量的 60%~70%最利于小麦根系生长，磷肥能促进根系生长，播种量过大不利于根系生长。

二、茎

小麦茎圆筒状，主茎节地上部分一般为4~7节，迟熟品种稍多些。地下节3~8节，节间不伸长。相邻2个节间有重叠的共伸期：如第1节间快速伸长期正是第2节间缓慢伸长期，也是第3节间开始伸长期。茎主要发挥支持作用、输导作用、储藏作用和光合成作用。茎秆的支持作用体现在抗倒伏上。小麦抗倒伏受到多个因素影响，包括节间长短和厚薄。在栽培上为了实现小麦抗倒伏，要做到合理选用高产抗倒品种、合理整地、合理施用氮肥并增施磷钾肥和开沟防渍。

三、叶

小麦叶由叶片（叶身)、叶鞘、叶耳、叶舌4个部分组成。小麦的第1片叶片较钝的尖端是叶序鉴定中的标志，同一茎秆上的叶片，倒二叶最长、剑叶最宽。叶片建成历经叶原基分化、细胞分裂和伸长3过程。叶片伸长自叶顶端开始，先叶片伸长，后叶鞘伸长；在同一叶片上可看到2个生长过程：当顶端进入伸长期时，叶基部仍在细胞分裂期。主茎叶片数为8~11叶，叶片数主要与品种相关。叶的功能包括呼吸作用、蒸腾作用、吸收作用、光合作用。根据叶片出生早晚、着生部位和作用上的差异，把小麦叶片分为两组，即近根叶组、茎生叶组。影响叶片生长的因素包括温度、光照、种植密度、肥水运筹等。温度较高、肥水适宜、光照充足、群体合理时，小麦叶片功能期长、光合强度大，有利于高产。

四、分蘖及成穗

小麦的分蘖穗是构成产量的重要组成部分，生产上也常常通过分蘖数决定施肥时间和用量等栽培措施。小麦群体具有一定自我调节的功能，这也是通过分蘖实现的，而且与水稻类似，小麦分蘖也有再生能力。分蘖节是由植株地下部许多没有伸长的节、节间，以及叶、腋芽等所组成的一个节群，分蘖节的数目与春化特性有关，也和品种、播期有关系。分蘖过程中，用 0 表示主茎，从 0 上发生的分蘖叫一级分蘖。从一级分蘖上发生的分蘖叫二级分蘖。从二级分蘖上发生的分蘖叫三级分蘖。像主茎一样，每个分蘖在伸出 3 片叶时发生第 1 个次级分蘖，叶蘖关系也是（n-3），小麦分蘖的发生与主茎叶片的出生时间的对应关系，即同伸关系（n-3），这就是叶蘖同伸规律。分蘖发生后，主茎每长一新叶，分蘖也伸出一新叶。与主茎某叶片同时长出的分蘖就称为主茎某叶的同伸蘖。小麦在拔节期左右的分蘖数达到最大量，此后大蘖赶上主茎，最后抽穗称为有效穗，高位小蘖最终死亡。

五、穗

麦穗属复穗状花序，由穗轴、小穗、小花组成。小穗互生排列于穗轴上，由小穗轴、护颖、小花组成。护颖有 2 片，分别为上位护颖与下位护颖。可以根据护颖形态、颜色、有无绒毛来鉴别品种。每个小穗有 3~9 朵小花。每朵小花由外颖、内颖、3 枚雄蕊、1 枚雌蕊、两片鳞片（浆片）组成。芒是外稃稃壳的延伸物，着生在外颖顶端。

小麦籽粒由子房受精后发育而来。穗对籽粒产量的贡献为10%到40%。小麦穗由茎生长锥分化形成，通过春化阶段后进入二棱期，标志着生殖生长的开始。穗分化过程可划分为7个时期：生长锥伸长期、单棱期、二棱期、小花原基分化期、雌雄蕊原基分化期、药隔期、四分体形成期。

小麦从开花受精到籽粒成熟，历时40 d左右，这个过程与气温、湿度、光照、土壤水分等因素相关。小麦开花的最适温度20 ℃左右，最适大气相对湿度70%~80%；乳熟期所需10~15 d，但是在低温高湿条件下会有所延长；籽粒形成和灌浆的适宜温度是20~22 ℃，昼夜温差大有利于籽粒干物质积累；小麦抽穗后的产量与光照强度有很大关系；灌浆期适宜的土壤水分是田间最大持水量的75%。

六、果

小麦的颖果就是种子，有圆、卵圆、椭圆等形状，顶端有芒，背面隆起、腹面凹陷，主要由胚、胚乳、皮层构成。

胚是种子的重要部分，一般占种子重量的2%~3%。胚由盾片、胚芽、胚茎、胚根和外子叶组成。胚芽包括胚芽鞘、生长锥、叶原基、胚芽鞘原基。在种子萌发时，胚芽发育成小茎和叶。胚芽鞘是包在胚芽以上的鞘状叶。胚轴连接胚芽、胚根和盾片。胚根包括主根及其位于其上方两侧的第1、2对侧根。胚在种子中所占比例虽小，但却是种子的价值所在。胚乳由外层的糊粉层和内层的淀粉层组成，占种子重量的90%~93%，其中糊粉层约占种子重量的7%，均匀分布在胚乳的最外层，主要由纤维素、蛋白质、脂肪和灰分元素组成，淀粉层由形状不一的淀粉粒细胞构成，蛋白质存在于淀粉粒之间。因胚乳中淀粉和蛋白质不同，小麦胚乳质地有硬质和粉质之分。皮层由果皮和种皮两部分构成，包在整个籽粒的外面，主要成分为纤维素。皮层由于品种和栽培条件不同而造成厚薄不一，颜色、厚薄、透气性等特性与种子休眠休戚相关，皮层重量占种子总重的 5.0%～7.5% 或更高。

第三节 生育特性

栽培学上，把小麦从种子萌发到新种子成熟这一过程所经历的天数称作小麦的生育期或全生育期。生产上为方便起见，把小麦出苗至收获这一过程所经历的天数也称为生育期。在小麦的整个生活周期内，其本身要经过一系列不同的发育阶段，同时，在这些不同的发育阶段里依一定的顺序形成相应的器官，使植株形态特征发生明显的变化，这些主要特征的出现日期叫小麦的生育时期。小麦的一生可分为 3 个生长期：营养生长期、营养生长和生殖生长并进期、生殖生长期。营养生长期指的是出苗至分蘖期，是形成穗数的时期。营养生长和生殖生长并进期是指幼穗分化至抽穗，这是最终决定穗数、形成穗粒数的时期。生殖生长期包括从抽穗到成熟的阶段，这个时期最终决定每穗粒数和千粒重。

小麦从萌发到成熟，除了需要有充足的水分、养分和适宜的温度条件外，还必须具有保证其正常发育的其他条件。在这些特定条件下，小麦植株内部在发生一系列质的变化后才能由营养生长转向生殖生长。这些循序渐进的阶段性质变过程就叫小麦的发育阶段，主要包括春化阶段和光照阶段。

在适宜的光、水、养、气等综合外界环境条件下，小麦萌动的胚或幼苗幼嫩的茎生长点必须经过一定时间和一定程度的低温才能正常抽穗、结实，如果一直处在较高温度条件下，则不能形成结实器官。小麦这种以低温为主导因素的发育阶段就称为春化阶段或感温阶段。通过春化阶段，小麦生理代谢发生明显变化，代谢加快、叶绿素含量增加、呼吸强度提高、抗寒力减弱。

小麦通过春化阶段以后，在适宜的温、水、养、气等综合外界环境条件下，其幼苗的茎生长点对每天的光照时数和光照持续日数的多少反应特别敏感，光照时数较少或光照持续日数不足，不能抽穗、结实；如果给予连续光照，则可加速抽穗、结实。小麦的这种以光照为主导因素的发育阶段就称为光照阶段或感光阶段。在这期间，外界条件优劣、栽培措施应用会影响光照阶段通过的速度和穗分化的快慢，最终影响小麦的产量。

第四节　生 产 调 查

小麦生产调查分室外和室内两部分，室外调查一般以生育期为指引进行，而室内调查主要指的是考种。

一、室外调查参数

1. 出苗期

记载田50%以上幼芽露出地面1 cm的日期。

2. 分蘖期

记载田50%以上麦苗的第1分蘖露出叶鞘1 cm的日期。

3. 拔节期

记载田50%以上的植株茎基部第1节间露出地面2 cm的日期。

4. 始穗期

记载田10%以上的顶端小穗露出叶鞘1 cm的日期。记载田50%以上的顶端小穗露出叶鞘1 cm的日期为抽穗期。

5. 齐穗期

记载田80%以上的顶端小穗露出叶鞘1 cm的日期。

6. 成熟期

记载田小麦经过乳熟、蜡熟到完熟阶段，茎叶穗发黄、胚乳呈蜡状、籽粒发硬50%以上的日期。

7. 全生育期

出苗至成熟的天数。

8. 收获期

实际收割的日期。

9. 基本苗

在出苗后的齐苗期调查的监测区所折算成的每亩苗数。

10. 年内苗

12月31日调查的监测区所折算成的每亩苗数。

11. 冬前苗

次年1月31日调查的监测区所折算成的每亩苗数。

12. 最高苗

在拔节期调查的监测区所折算成的每亩苗数。

13. 有效穗数

齐穗期后调查的监测区所折算成的每亩苗数。

14. 株高

从地面到穗顶端的长度，不连芒，以厘米计算。

二、室内调查参数

1. 穗粒数

在田间每小区/处理随机取 60 穗混合脱粒，数出总粒数，求出每穗平均数。

2. 千粒重

随机取干净的种子 1 kg 左右混合均匀，分成 2 份，每份取 1 000粒，如误差不超过 0. 5 g，即以 2 次平均值作为千粒重，超过 0. 5 g，要再重复一次。

另外还需要详细记录所用品种、种植地点、施肥和用药情况等。

第五节　需 肥 特 性

小麦生长所需的大量营养元素包括 N、Ca、P、Mg、K 和 S，所需的微量元素有 Fe、Cu、Mn、Mo、B、Cl 以及 Zn。氮素在小麦籽粒中占干重 2. 2%，是构成细胞原生质的重要成分。磷素在小麦籽粒中占干重的 0. 7%~0. 9%，是核蛋白的组成成分。钾素在小麦籽粒中占干重的 0. 5%~0. 6%，可以促进碳水化合物合成和运转。小麦缺锰会造成叶片柔软下披，有时出现灰色斑点。缺锌会影响小麦分蘖、降低成穗率。缺硼能导致雄蕊发育不良，花粉少而差，降低结实率。缺钼的小麦表现为植株矮小、穗小、粒少、产量低。每生产 100 kg 籽粒，需大约 3. 0 kg N、1. 3 kg

P_2O_5、3.2 kg K_2O。拔节期以前麦苗较小，N、P、K 吸收量较少；拔节以后，植株迅速生长，养分需求量也急剧增加；拔节至始穗期小麦对 N、P、K 的吸收达到一生的高峰期，其中对 N、P 的吸收量在成熟期达最大值，对 K 的吸收到始穗期达最大累积量，其后 K 的吸收出现负值。

第六节　主推品种特点

一、扬麦 11

扬麦 11 由江苏里下河地区农业科学研究所和南京农业大学联合选育，来源为扬 158/3Y. C/鉴二//扬 85-85，2001 年通过江苏省农作物品种审定委员会审定（苏种审字第 383 号)。该品种目前在余姚市的推广面积已经萎缩。

扬麦 11 表现为春性，中早熟，熟期比对照早 1~2 d。株高 95 cm 左右，穗长方形，长芒，白壳，红粒，皮色淡，半角质。有效穗约 30 万穗/亩，千粒重 44 g 左右，每穗粒数在 37 粒左右，籽粒大而饱满。耐肥抗倒性一般，耐湿，耐高温逼熟，灌浆速率快，抗白粉病，中抗赤霉病，中感-中抗纹枯病，后期熟相好。中感-感梭条花叶病毒病，中后期恢复快。该品种的选育地区纬度远高于余姚，在纬度偏北地区的产量和经济性状上的表现也优于余姚。

二、扬麦 20

扬麦 20 的选育单位为江苏里下河地区农业科学研究所，用品种扬9×扬10选育而成，2010年通过国家农作物品种审定委员会审定（国审麦2010002），该品种目前在余姚市的推广面积相对较大。

扬麦20表现为春性，成熟期比对照品种早熟1 d。幼苗半直立，分蘖力较强。株高86 cm左右。穗层整齐，穗纺锤形，白壳，红粒，籽粒半角质、较饱满，长芒。2009年、2010年区域试验穗数约28.5万/亩、29万穗/亩，穗粒数约43粒、41粒，千粒重约42 g、41 g。高感纹枯病、条锈病、叶锈病，中感赤霉病、白粉病。2009年、2010年分别测得：硬度指数54.2、52.6，籽粒容重794 g/L、782 g/L，蛋白质含量12.1%、13.0%；面粉湿面筋含量22.7%、25.5%，吸水率53.4%、55.5%，稳定时间1.2 min、1.0 min，沉降值26.8 mL、29.5 mL，延伸性120 mm、164 mm，拉伸面积48.5 cm^2、59.0 cm^2。与扬麦11一样，该品种的选育地区纬度远高于余姚，产量表现上差异较大，在余姚的常年亩产为350 kg左右。

三、扬麦28

扬麦28由江苏金土地种业有限公司和江苏里下河地区农业科学研究所联合选育，来源为扬麦16/扬麦18//扬麦16，2018年通过国家审定（国审麦20180010）。

扬麦28为春性品种，全生育期196 d，与对照品种熟期接近。幼苗直立，叶色淡，叶片宽披，分蘖力较强。株高88 cm，株型紧凑，抗倒性较好。熟相好，穗层整齐。穗长方形，籽粒半角质，长芒、白壳、红粒。穗数约30.5万穗/亩，千粒重约41.5 g，穗粒数38粒左右。高感纹枯病、叶锈病、条锈病，中抗赤霉病，中感白粉病。2 年区试测得：蛋白质含量 12.5%、11.7%，籽粒容重 770 g/L、778 g/L，湿面筋含量 24.8%、24.7%，稳定时间 4.0 min、3.5 min。

2015—2016 年度参加长江中下游冬麦组品种区域试验，产量为 407 kg/亩左右，比对照品种产量高 5.5%左右；2016—2017 年度继续区域试验，产量 425 kg/亩左右，比对照产量高约 6.5%。2016—2017 年度生产试验，产量为 448 kg/亩左右，比对照产量高约 7.0%。该品种在余姚市的推广应用时间不长。

第七节　绿色高效栽培技术

一、产量构成因子

小麦的亩产量是由每亩有效穗数、每穗粒数、千粒重所构成，可以用以下公式表示：亩产量（kg/亩）= 每亩有效穗数（万穗/亩）×每穗粒数×千粒重（g）÷100。产量构成因素之间呈一定负相关，也就是说，各参数之间存在一定的互补关系。同样的产量可通过较多的穗数和较少的穗粒数达到；也可通过较少的穗数及较多的穗粒数达到；可通过多粒、轻粒达到，也可通过少粒、重粒达到。在这些参数中，穗数是产量的主要决定因素，在一定高产水平下，不能无限制的增加。穗数的形成是分蘖发生和两极分化的结果，最后决定穗数多少的时期是抽穗期。从播种到抽穗以前的各种生态环境和生育情况，都对穗数多少存在一定影响和制约作用。在高产的基础上要获得更高的产量，须通过提高穗粒数、粒重来获得。穗粒数的多少是开花受精 6~7 d 后决定的，它取决于分化小花的数量和小花与籽粒退化的比率。穗粒数的多少受穗分化到粒数定型期间的生态环境和植株有机、无机营养状况的影响。

二、主要病虫草害

1. 赤霉病

小麦赤霉病是一种真菌性病害，由多种镰刀菌引起。越冬场所为病株残体（麦秆、稻桩、玉米秆、稗草等）、土壤、种子。抽穗后-扬花末期（扬花期最易感病，抽穗期次之）侵染。通过气流和雨水进行传播。

赤霉病是小麦穗期的重要病害，具有爆发性、间歇性的特点，发生和流行受气候、越冬菌量、小麦生育期、品种抗性、栽培管理等多种因素影响。其中气候、菌源、小麦生育期的相互作用，对病害的发生流行起到决定性作用。如遇小麦抽穗至扬花期气温高、雨水多或潮湿多雾，将十分有利于其发生和流行，发生的最适温度20~25 ℃，高湿（相对湿度100%）易发。目前无免疫品种，但品种间抗病性存在明显差异。小麦合理施肥、长势好、开花整齐，则抗病力强；氮肥多易倒伏，易导致高发。

该病害可以导致产量降低、品质下降（蛋白质和面筋含量下降）、出粉率低、加工性差、毒素引起人畜中毒（呕吐、头晕、腹泻）。

赤霉病症状如下：苗期到穗期都可发生，产生红色霉层；苗枯（较少出现，由种子带菌引起）；基腐或秆腐；穗枯（最为严重）；种子霉烂（收割后不能及时干燥造成）。

余姚市2016年发生情况较为严重，根据调查，当年小麦种植面积约4.1万亩，基本上都有发生，其中轻度发生2 000亩，病穗率小于25%，损失率10%；中偏轻发生8 000亩，病穗率25%~50%，损失率10%~25%；中偏重发生22 000亩，病穗率50%~75%，损失率25%~50%；重发9 000亩，病穗率75%以上，损失率大于50%。主要原因是2015年11月持续阴雨，水稻无法收割，造成小麦播种期也推迟，小麦长势较差，抵抗力降低，生育期推迟。2016年4月雨水较多，据气象部门统计，4月共有19 d下雨，特别是4月21—27日连续阴雨，正好是小麦扬花期，此时正是最易感病的生育期。同时雨水也影响了防治的开展及药效的发挥。

主要防控措施。在无高抗品种的情况下，以药剂防治为主。预防为主，看天打药。防治适期：第1次（关键）见花打药（抽穗期天晴、温度高，边抽穗边扬花，防治时间要求严格，时间短，易受雨水影响）。第2次隔7~10 d。防治药剂为43%戊唑醇悬浮剂，20 mL/亩，加水30~45 kg均匀喷雾，对白粉病有较好的兼治效果。

2. 白粉病

小麦白粉病由布氏白粉菌引起，主要为害叶片，严重时叶鞘、茎秆、穗均会受到影响。白粉病对余姚小麦的影响相对较小，但是近两年来有逐步增加的趋势。发病初期可见黄色小点，随着病情加重病点逐渐发展为病斑，呈椭圆形或圆形，表面有一层白粉状霉层，发展至中期呈白灰色，后期呈浅褐色，并产生闭囊壳。病情较轻时霉斑呈分散分布，随着病情加重霉斑也逐渐扩大成片，最终覆盖全叶；病斑下部及周围组织褪绿，病叶发黄、早枯，如发病累及茎及叶鞘，则会导致倒伏；植株矮小细弱，穗小粒少，千粒重下降，最终影响产量。可用43%戊唑醇悬浮剂20 mL/亩加水30~45 kg均匀喷雾防治白粉病。

3. 锈病

小麦锈病主要有秆锈病、叶锈病和条锈病3种，分别是由秆锈病菌、叶锈病菌和条锈病菌引起，主要为害小麦叶片，也可为害叶鞘、茎秆、穗部。小麦发病后轻则麦粒不饱满，重则麦株枯死，不能抽穗。锈病在余姚极少发生，但是2020年不少小麦出现叶锈病，部分田块产量损失较大。小麦锈病的主要特点是为害性强、影响范围广，一旦感染，将对小麦生长造成严重影响，进而降低小麦的产量。小麦锈病一般减产5%~15%，严重者达50%以上。

4. 蚜虫

小麦蚜虫在余姚俗称油虫，是小麦的主要害虫之一，可对小麦进行刺吸为害，影响小麦光合作用及营养吸收、传导，是黄矮病的传播者，但是近年来对余姚小麦整体的为害不大。小麦抽穗后集中在穗部为害，形成秕粒，使千粒重降低造成减产。若虫、成虫常大量群集在叶片、茎秆、穗部吸取汁液，被害处初呈黄色小斑，后为条斑，枯萎、整株变枯至死。防治蚜虫可用70%吡虫啉水分散粒剂4 g/亩加水30~45 kg均匀喷雾。

5. 草害

余姚市小麦多为免耕直播，草害防治尤为重要。一般在麦田播种前5~7 d，亩用41%草甘膦水剂150~200 mL，兑水30 kg均匀喷雾，以消灭老草。在播后至麦苗2叶1心期或杂草2叶1心期前，亩用50%异丙隆可湿性粉剂100~125 g，兑水40 kg均匀喷雾，使用时要注意寒潮影响，在冷尾暖头施药，避免产生药害。还可在杂草 2~4 叶期，亩用 15%炔草酯可湿性粉剂 20 g，兑水 30~45 kg 均匀喷雾。麦田禁止使用含有甲磺隆和绿磺隆成分的长残效除草剂。

三、栽培技术

1. 种子准备

通过选用抗病品种，有效遏制小麦赤霉病的流行，注意不能选用当年发病田块的自留种。可用 25%三唑酮可湿性粉剂 50 g 或 6%戊唑醇悬浮种衣剂 25~30 mL，兑少量水搅匀后，拌麦种 50 kg，充分拌匀后适当摊晾，然后播种。

2. 秸秆还田

稻茬田在水稻收割后，用秸秆粉碎机将半数秸秆粉碎至长度在 3~6 cm，不超过 10 cm，均匀抛撒于田块表面。旋耕机与拖拉机配套使用完成耕整作业，采用免耕播种，如秸秆覆盖状况或地表平整度影响作业质量，应进行秸秆匀撒处理或地表平整，以确保机械播种质量。

3. 播种开沟

余姚市小麦适宜播种期为 11 月 10—25 日，每亩播种量为 10.0~12.5 kg，若迟播或者“烂冬”年份，则适当增加用种量。开沟机或拖拉机旋耕开沟，单圆盘机开横沟，可一次性完成开沟、清沟、碎土、抛土、覆土，不露子。“冬作一条沟，从种喊到收”，地处江南多雨地带的余姚，小麦栽培需要特别注意防止渍害，因此田内“三沟”（畦沟、腰沟、围边沟）要配套，保证排水无阻。

4. 肥料运筹

氮肥分批施入，基肥40%，分蘖肥20%，拔节孕穗肥40%；磷肥全部作为基肥；钾肥基、穗肥各半。使用复合肥的田块，要按照比例计算好用量。肥力偏高或偏低田块相应减少或增加施肥量，秸秆还田较多的田块前期适当增施氮肥。施基肥时可根据情况适当施用商品有机肥。

5. 化学除草

播前封杀稻田杂草。稻茬田在小麦播前5~7 d均匀喷施除草剂，封杀稻田杂草。在播后至麦苗2叶1心期或杂草2叶1心期前，均匀喷施除草。还可在杂草2~4叶期除草。

6. 病虫防治

4月底至5月初是防治蚜虫、白粉病、锈病的关键时期。赤霉病防治分2次实施，第1次在小麦扬花5%时进行，7~10 d后，再防治一次。

7. 收获烘干

在5月中下旬小麦成熟后抢晴及时收获，避免梅雨对小麦产量和品质的影响。收获后及时用烘干机烘干，防止麦粒发芽或霉变。收获时间应掌握在蜡熟末期，同时做到割茬高度≤10 cm，收割损失率≤2%。

第四章　油　　菜

第一节　概　　述

油菜是十字花科（Cruciferae）芸薹属（*Brassica*）植物，目前油菜主要栽培（品种）类型为白菜型［*Brassica rapa*（*campestris*）L.］、芥菜型（*Brassica juncea* L.）、甘蓝型（*Brassica napus* L.），其中我国生产上应用的油菜品种90%以上为甘蓝型。

我国是油菜栽培历史最悠久的国家之一（包括中国、印度和欧洲）。6 000~7 000年前的西安半坡原始社会遗址就有油菜栽培的痕迹。世界油菜生产国中以加拿大的发展最快。油菜是我国四大油料作物之首，占植物油总产的55%左右。目前我国油菜面积和总产居世界首位，但单产低，油菜单产最高的地区是欧洲，其中又以荷兰为最高。近年来我国油菜品种更新快，促进了单产和品质的提高，余姚市油菜常年亩产在130~150 kg。我国在20世纪40年代前，为白菜型油菜和芥草型油菜；40年代，从日本、英国引入甘蓝型油菜；50年代，推广甘蓝型油菜；1985年，甘蓝型油菜已是我国长江流域的主栽类型；我国在杂交油菜育种研究上起步较晚，1987年杂交油菜在生产上逐步推广应用。我国也不断在开展“双低”（低芥酸和低硫苷）和“单低”（低芥酸或低硫苷）油菜品种的育种工作，主要目的是为了提高菜籽油的营养价值、扩大油菜的应用范围。

甘蓝型油菜也被称为欧洲油菜、胜利油菜或日本油菜；此类油菜植株高壮，高的可达 1.7 m，叶色蓝绿或灰绿，叶片较厚，薹茎叶较小、半抱茎；常异花授粉作物，自交结实率一般70%以上；种子较大，圆形，种皮光滑呈黑或黑褐色，千粒重 3~4 g；抗病、耐肥、耐湿、易高产，耐旱性较差。芥菜型油菜也被称为高油菜、苦油菜或大油菜；芥菜型油菜比甘蓝型油菜矮小，叶色深绿，叶片较薄，叶缘有明显锯齿，薹茎叶有柄、不抱茎；常异花授粉作物，自交结实率 70%~80%；角果短且小，千粒重仅 1~2 g；耐贫瘠，抗性一般，低产。白菜型油菜也称甜油菜、矮油菜或本地油菜；白菜型油菜植株最矮，叶色绿，叶片薄；叶片基部全抱茎。花较大，属异花授粉作物，自然异交率 75%~95%；角果细长而大，种皮粗糙为黄、黑、红、褐色，千粒重 3 g 左右；抗性差、产量低。

第二节 形态结构

一、根

油菜根系为直根系，呈圆锥形，可分泌有机酸使难溶性磷转为速效磷。由主根、侧根、支根、细根和根毛组成。根系活力整体表现为前弱、中强、后衰。出苗期-越冬期是油菜的扎根期，此时地下生长快于地上生长。在盛花期之前是根系的扩根期，此时根系的活力最强，其中抽薹期发根最快。在油菜盛花期之后根系进入衰老期，根系逐步木质化。

通过下胚轴的伸长将子叶顶出地面的过程称为油菜的出苗，伸长的下胚轴称为幼茎，而子叶节以下的整个幼茎称为油菜的根茎。根茎的生长包括伸长与增粗两个方面，根茎的粗细、长短是衡量油菜苗期生长强弱的重要指标之一，根茎粗短、根系发达是的苗归类为壮苗。

二、茎及分枝

油菜的茎秆是由下胚轴膨大形成，是衡量油菜冬前壮苗的主要指标之一，而茎的粗细与油菜产量成正相关。油菜主茎一般为圆柱形，由胚生长点分化发育而成，是重要的养分储存器官，其上粗下细，自下而上可分为 3 段：缩茎段、伸长茎段和薹茎段。缩茎段位于主茎基部，节短而密集，冬前生长，一般不伸长，要控制缩茎段，培育矮脚壮苗。伸长茎段在主茎中部，节上着生短柄叶，节间由下而上逐渐变长，茎上棱形渐显著，要控制伸长茎段，使之粗壮，增强抗倒伏能力。薹茎段位于主茎的上部，节间自下而上逐渐缩短，有非常明显的棱，节上着生无柄叶，也是中上部分枝的着生部位，在栽培上要求这段的节间长度合理，分枝空间合理，以便建立合理的结角层结构。

油菜茎的生长分为伸长期、充实期、物质分解运转期 3 个时期。伸长期处在始薹期-始花期之间，历时 20 d 以上，伸长速度前慢后快，每天能达到 3 cm，此阶段茎秆迅速伸长长粗。始花后，茎秆储藏物质积累，组织充实，茎秆质量迅速增加，这个时期称为油菜的充实期。物质分解运转期是角果发育成熟的时期，此时茎枝花轴内的储藏物质分解转运到种子内，供种子发育充实。

主茎上的腋芽形成的分枝称为一次分枝，一次分枝上的腋芽形成的分枝为二次分枝。一般来说，一次分枝多于二次分枝。根据一次分枝数量的多寡，也可将油菜分为下生分枝型、上生分枝型和中生分枝型。下生分枝型油菜的缩茎段腋芽较发达，一次分枝相对较多，分枝的生长速度比主茎快或相近，植株为筒状。上生分枝型的特点是缩茎段和伸长茎段的腋芽发育不正常，因此一次分枝数少，多在薹茎段，主花序发达，植株表现为扫帚型。中生分枝型油菜的分枝在主茎上分布均匀，一次分枝数较多，主花序发达，植株表现为纺锤形。从分枝的有效性又可将分枝分为无效分枝和有效分枝。无效分枝一般位于主茎下部，腋芽于冬前形成。有效分枝则位于主茎中部（腋芽越冬期成形）和主茎上部(腋芽春后形成)。影响分枝的因素包括群体大小、营养状况、播种期等，但是主导因素是植株营养状况。营养生长期长，腋芽出现的早且多，有效分枝就多。种植密度较小时，有利于下部产生有效分枝。抽薹初期和始花期施肥可有效增加一、二次分枝。

三、叶

甘蓝型油菜的真叶分为3类，分别为长柄叶、短柄叶和无柄叶。长柄叶在苗期出生，养分主要供应根系，长在缩茎段上，具有明显的叶柄，叶柄基部两侧无叶翅，对茎、叶、分枝、花蕾有影响。短柄叶在蕾薹期出生，是整个生育期面积最大的一组叶片，养分对所有器官有用，长在伸长茎段上，叶片较短或无叶柄，具有明显的叶翅。无柄叶着生在薹茎段上，对角果、千粒重形成有影响，无叶柄，叶片基部两侧向下方延伸成耳状，半抱茎。

主茎叶片在苗前分化，苗后长出，始花前主茎叶片出完。油菜总叶数变幅较大，在15~40余片，具体数目随品种、播种期、温度、肥水条件、发育特性不同而变化。出叶速度与品种、生育阶段、温度、营养状况、肥水条件有关。而油菜的叶片形态除了与栽培类型、品种、叶片类型有关以外，也和群体大小以及肥水运筹情况密切相关。如果偏施氮肥、水量多、群体大，那么叶片长/宽的值加大，叶柄也相对较长。另外，低温也会影响叶片、叶柄长度、宽度和厚度。

四、花

油菜为总状花序，分主花序和分枝花序，主花序着生于主茎顶端，分枝花序分枝顶端。

油菜花序是由生长锥分生组织细胞分化而来。花芽分化期包括花蕾原基分化期、花萼原基形成期、花瓣与雌雄蕊原基形成期、胚珠花粉母细胞形成期、花粉母细胞减数分裂期、花粉粒第1收缩期及第1恢复期、花粉粒第2收缩期和第2恢复期。一般来说，早熟油菜在出苗后的50~60 d开始花芽分化，迟熟油菜在出苗后的90 d左右开始花芽分化。花芽分化的先后顺序分别为主花序、一次分枝花序和二次分枝花序。

油菜的花器包括花柄、花萼、花冠、雄蕊、雌蕊和蜜腺等。油菜开花的先后顺序为主花序、一次分枝和二次分枝 ，从上到下依次开花，但是对于一个花序而言则是按照由下而上的次序开花。油菜通常在开花前1 d下午花萼顶端露出黄色花冠，第2 d上午8—10时花瓣全部平展，3 d后花瓣凋落，整个周期并不长。

油菜只有在一定条件下才能开花，开花的适宜温度 12 ~ 20 ℃，30 ℃以上能开花，但是会造成结实不良；适宜的空气相对湿度 70% ~ 80%。油菜花主要是靠蜜蜂等昆虫传粉，其次是风，花粉粒落到柱头上约 45 min 后即可萌发。甘蓝型油菜天然异花授粉率 5% ~ 10%，属常异花授粉作物，因此相邻种植的不同品种或与其他十字花科作物常会出现“串粉”现象。

五、果

油菜的果由果柄、果身和果喙 3 部分构成。花柄发育成果柄，子房发育成果身，花柱和柱头发育成果喙。一株油菜角果发育的顺序与开化顺序相同。油菜在终花期以后，叶片大多枯萎凋落，角果果皮面积扩大，成为后期进行光合作用的主要场所，最终影响油菜千粒重。油菜种子最终 40%左右的干物质是由角果上产生的光合产物提供的，而根据国外研究报道，种子产量的 70%由角果提供，因此后期预防油菜植株早衰显得尤为重要。

种子由胚珠受精发育而成，是受精卵进入细胞增殖和种胚分化后形成的。每个角果有 15 ~ 40 粒胚珠，最终发育形成饱满的 10 ~ 30 粒左右的种子。种子发育可分为 3 个阶段：第 1 阶段为细胞增殖阶段，受精—开花后第 9 d；第 2 阶段为种胚发育阶段，开花后 12 ~ 15 d；第三阶段为种胚充实阶段，开花后 15 ~ 33 d。种子鲜重在开花后 33 d 达到最大，但是干重一直增加，开花 27 d后增长速度提高，甘蓝型油菜的千粒重一般 3 ~ 4 g。开花后 20 d 之前的种子基本上不能发芽，要等到开花后 45 d 左右，油菜种子的发芽率才能接近正常，因此在油菜育种工作中，一般可以采收中下部角果 40 d 以上的种子进行世代繁殖。

甘蓝油菜一般在开花后 9 d 的种子含油率达 5%~6%；开花后 21 d 左右，种子含油率为 15%~18%；开花后 30~35 d，种子含油率基本稳定，但随着粒重本身的不断增加，油分继续大量积累。甘蓝型油菜的含油率一般为 35%~50%，高的达 55%；芥菜型一般为 30%~35%，高的可达 50%；白菜型油菜一般在 35%~45%，高的也可以达到 50%左右。一般来说，种皮色泽浅的种子含油量大于色泽深的，高纬度地区油菜种子含油量大于低纬度地区，天气明朗、光照充足、昼夜温差大、土壤湿润条件下种子含油量相对较高，偏施氮肥的情况下种子含油量相对较低。

第三节 生育特性

甘蓝型油菜全生育期 170~230 d，一生主要经历苗期、蕾薹期、开花期和角果成熟期。

从出苗后子叶出土平展到现蕾拔开顶端心叶可见幼蕾（现蕾）为苗期，在余姚市一般为甘蓝型油菜全生育期的一半左右。苗期又可分为苗前期和苗后期。从出苗到开始花芽分化的时期为苗前期，为营养生长期，根系、缩茎、叶片为生长中心制造积累较多养分供后期生长与器官分化用，苗前期需要注意培育壮苗、适时移栽、合理密植。从花芽分化至现蕾称为苗后期，这一时期营养生长和生殖生长并存，但是营养生长仍占优势，主根膨大，同时进行花芽分化。

从油菜现蕾到始花是油菜的蕾薹期，又称现蕾抽薹期，一般 25~30 d。这一时期，营养生长旺盛，同时生殖生长由弱转强。根系继续扩展，主茎伸长，分枝出现，叶面积达最大；花蕾长大，花芽分化速度加快。蕾薹期是角果数、粒数、千粒重形成打下基础的关键时期。

油菜始花至终花所经历的天数为开花期，一般为25~30 d左右，包括始花期和终花期。开花期营养生长和生殖生长同时进行并且两旺，到盛花时为止，营养生长结束。这个阶段是决定角果数和每果粒数的重要时期。

从终花到角果种子成熟这段时期为角果成熟期。这个时期以生殖生长为主，角果逐渐发育成熟，是油菜种子充实决定产量的重要时期。

油菜进化过程中形成了对一定温度和光周期的敏感性，这便是油菜的感温性和感光性，也有学者称之为春化作用和光周期作用。

一、感温性

油菜需要经历一定时间的低温才能开始花芽分化，但是不同品种类型对低温的要求也不尽相同。

冬性型：这一类型对低温要求严格，在0~5 ℃下需30~40 d，多为冬油菜晚熟、中晚熟品种。

春性型：这类油菜对低温要求不严，在15~20 ℃条件下需15~20 d即可，极早熟、早熟、部分中早熟品种属于此类型。

半冬性型：此类油菜需要在5~15 ℃下需20~30 d，大多数甘蓝型油菜中熟和中晚熟品种属于半冬性型。

二、感光性

油菜是长日照作物，但是不典型。根据对日照长短的不同反应，可将油菜分为光敏感型和光迟钝型。

光敏感型：春油菜多属此类型，开花前需经过 15 h 左右的平均日照长度。

光迟钝型：冬油菜和极早熟春油菜属于此类型，开花前需经历平均日照长度为 10~11 h。

油菜种子萌动至花芽分化前完成春化阶段，花芽分化后至开花前完成光照阶段。经过春化阶段的油菜具有抗寒能力，而经过光照阶段便失去抗寒能力。

在生产上，利用油菜的感温性和感光性，三熟制条件下选用能迟播早收的半冬性品种；两熟制选用苗期生长慢的冬性品种。在播期的确定和田间管理上，春性强的品种需要适当迟播，早播会早薹早花，易遭冻害，田间管理要适当提前进行，重视早促；冬性强的品种苗期生长缓慢，应适当早播，促营养生长，加强越冬和春后管理。

第四节 生 产 调 查

油菜生产调查的内容主要包括以下几点。

1. 收获期

实际收获的日期。

2. 出苗期

全田有 75%的预定密度的幼苗出土、子叶平展的日期。

3. 五叶期

全田有 75%以上苗数第 5 片真叶张开平展的日期。

4. 现蕾期

全田有50%以上植株剥开2~3片心叶，见绿色花蕾。

5. 抽薹期

全田有50%以上植株主茎开始伸长，主薹顶端离子叶节达10 cm的日期。

6. 初花期

全田25%植株开始开花的为初花期。全田50%植株开始开花的为开花期。

7. 终花期

全田有75%以上花序完全谢花（花瓣变色，开始枯萎）的日期。

8. 成熟期

75%以上的植株主花序中上部角果呈枇杷黄色或种子呈本品种特有成熟色泽的日期。

9. 全生育期

出苗至成熟的天数。

10. 越冬期

为12月底至翌年2月初，调查时间为12月31日。

11. 绿叶数

主茎上已展开的绿色叶片数（不包括子叶）。

12. 根茎粗

测量叶节到出生侧根之间的最粗处直径，以厘米表示。

13. 亩株数

调查的监测区所折算成的每亩株数。

14. 单株有效角果数

指结有1粒以上饱满种子的角果数。每点连续查10株，共调查30株的角果数，求平均值。

15. 角粒数

将每点10株中角果数最接近平均值的植株的角果全部摘下，随机选50个角果，脱粒计算平均值，计算产量。

16. 主要灾害性天气

表现为光温水气象因子对不同生育进程影响，需要记录的主要类型包括干旱、低温、冰冻、烂冬、连阴雨、倒春寒、高温。

另外还需要详细记录所用品种、种植地点、施肥和用药情况等。

第五节 需肥特性

油菜是需肥较多的作物，需要吸收多种营养元素，但大多数土壤供养不足，主要是N、P、K，微量元素硼表现尤为突出。油菜对N、P、K的需要量比水稻和小麦都要大，所需比例N：P_2O_5：K_2O=1：(0.4~0.5)：1。

油菜缺N时，植株矮小，叶色变淡黄甚或发红。亩产100 kg需要量8~11 kg。油菜吸收N肥的总趋势是苗期45%左右，蕾薹期45%左右，角果发育期约10%。N肥需要早施、多施。抽蕾-初花是N肥临界期。

当土壤中速效P含量小于5 mg/kg时，油菜便会出现显著的缺P症状，表现为叶色深绿灰暗，严重时呈紫色，叶小肥厚，影响花芽分化。P肥一般作为基肥使用，因为在土壤中的移动性较差。亩产 100 kg 需要量 3～5 kg。油菜对 P 的吸收特性表现为苗期 20%～30%、蕾薹期 22%～65%、开花结果期 40%～58%。

油菜一生中，对 K 的需求量与对 N 的需求量基本相同。如果缺 K，植株下部叶片红色焦枯直至脱落，会影响现蕾和籽粒的含油量。K 大多作为基肥使用，亩产 100 kg 籽粒需量 8.5～12.8 kg。油菜对 K 的吸收比例如下：苗期 24%～25%，蕾薹期 54%～66%，开花结角期 9%～22%。

B 对油菜产量的形成至关重要，缺 B 会直接和间节影响油菜的花芽分化，最终造成“花而不实”，花瓣干枯紧缩，不能开花。当土壤中有效 B 低于 0.3 mg/L 时就会表现出缺 B 症状。

油菜对 S 的需求量也比较大，植株缺 S 的症状与缺 N 的症状类似。S 与蛋白质、叶绿素有关，与硫苷的量成正相关，因此在优质油菜高产栽培体系中，需要适当控制 S 的用量。

第六节　主推品种特点

1. 浙油 50

浙油 50 由浙江省农业科学院作物与核技术利用研究所用沪油 15/浙双 6 号选育，2011 年 11 月 18 日经第二届国家农作物品种审定委员会第六次会议审定通过（国审油 2011013）。

该品种为甘蓝型半冬性常规种。幼苗半直立，叶色深绿，叶片较大，顶裂叶圆形，裂叶 2 对，叶缘波状，皱褶较薄，叶缘全缘，光滑较厚叶被蜡粉，无刺毛；花瓣侧叠、复瓦状排列，黄色；种子黑色圆形。全生育期 220 d 左右，比对照品种迟 1 d 左右。株高约 166 cm，一次有效分枝数约 7.8 个，千粒重约 4 g，单株有效角果数 249 个左右，每角粒数约 19 粒。病毒病发病率 1.17%，发病指数 0.78，菌核病发病率 2.26%，发病指数 1.25，低抗菌核病，抗倒性强。平均芥酸含量 0.25%，饼粕硫苷含量 20.78 μmol/g，含油量 46.53%。

2009—2010 年度参加长江中游区油菜品种区域试验，产量 160.9 kg/亩，比对照品种产量低 3.2%，产油量 72.76 kg/亩，比对照高 4.1%。2010—2011 年度继续区域试验，产量 184.1 kg/亩，比对照产量高 2.5%，产油量 88.08 kg/亩，比对照高 11.7%。2 年平均产量为 172.5 kg/亩，比对照产量低 0.3%；产油量 80.42 kg/亩，比对照高 8.1%。2010—2011 年度生产试验，产量 154.0 kg/亩，比对照产量高 1.5%。该品种出油率高，在余姚市作为冬油菜品种已经大面积种植 7 年以上。

2. 浙油 51

浙油 51 同样是由浙江省农业科学院作物与核技术利用研究所选育而成，来源为 9603/宁油 10 号，是油菜甘蓝型半冬性常规品种。2014 年 1 月 17 日经第三届国家农作物品种审定委员会第三次会议审定通过（国审油 2013017）。

该品种幼苗直立，叶片绿色，叶柄中长，裂叶 2 对，有缺刻，上有蜡粉，叶缘波状。花瓣黄色，籽粒黑色、圆形，角果斜生。株高 151.5 cm 左右，一次有效分枝数约 8.8 个，千粒重 3.95 g 左右，单株有效角果数 280 个左右，每角粒数约 21.5 粒。病毒病发病率 1.21%，发病指数 0.81，菌核病发病率 22.74%，发病指数 13.37，中感菌核病，抗倒性较强。籽粒含油量 48.54%，芥酸含量 0.3%，饼粕硫苷含量 22.68 μmol/g。

2011—2012 年度参加长江下游油菜品种区域试验，产量 185.9 kg/亩，比对照品种产量低 0.8%；2012—2013 年度继续区域试验，产量 217.5 kg/亩，比对照产量高 5.7%；2 年平均产量 201.7 kg/亩，比对照产量高 2.4%；2012—2013 年度生产试验，平均产量 209.4 kg/亩，比对照产量高 7.9%。该品种出油率也比较高，同样在余姚市作为冬油菜品种已经大面积种植 7 年以上。

3. 浙大 630

浙大 630 由浙江大学农业与生物技术学院农学系和杭州市良种引进公司联合选育，来源为（287/高油 605）F5//207，2016 年通过浙江省审定（浙审油 2016001）

该品种含油量达到 49.21%，是目前浙江省含油量最高的油菜品种，在全国常规品种中位列榜首。浙大 630 的菜籽种皮薄，且呈褐黄色，不同于其他品种的黑色或黑褐色厚种皮，压榨之后得到的油色清，不需要进行特殊的脱色处理。芥酸、硫苷含量分别为 0.35%和 21.79 μmol/g，符合“双低”标准；长势好，株高中等，有效分枝位低，不易倒伏；植株高度均匀，适宜机器收割；分枝数多，结角层厚，角果多，产量高；抗性好。

2012—2013 年度浙江省油菜区域试验产量 206.6 kg/亩，比对照品种产量高 2.1%；产油量 102.9 kg/亩，比对照高 18.2%。2013—2014 年度省区域试验年产量 191.2 kg/亩，比对照产量低 1.6%；产油量 92.9 kg/亩，比对照高 13.3%。两年平均产量 198.9 kg/亩，比对照产量高 0.3%，产油量 97.9 kg/亩，比对照产量高 15.7%。2014—2015 年度省油菜生产试验产量 182.3 kg/亩，比对照产量低 1.1%；产油量 87.7 kg/亩，比对照高 12.2%。

第七节 绿色高效栽培技术

一、产量构成因子

油菜的产量由单位面积角果数、每果粒数和千粒重决定，这3个参数中，每亩有效角果数最重要，每角粒数变化范围较小，同一品种的千粒重变化最小。单位面积角果数由有效群体大小和单株角果数决定，因此生产上提高油菜产量主要通过增加有效群体数、单株角果数和每果粒数来实现，但是决定油菜产量的几个因素之间存在一定的负相关关系，因此需要在实践中通过栽培措施将它们之间的关系调整到最适程度。

二、化学品质要求

优质油菜的化学品质要求较高，主要对芥酸、油分、蛋白、油酸、纤维素含量等提出了具体的指标。一是低芥酸，要求在含量1%以下；二是低硫苷，要求在30 μmol/g（国际标准）或者40 μmol/g（国内标准）以下；三是低亚麻酸，要求含量3%以下；四是高油分，要求达到40%~42%（国内标准）或者45%以上（国际标准）；五是高蛋白，要求占种子干重28%以上或饼粕重量48%以上；六是高油酸，要求达到60%以上；七是低纤维素含量，要求小于10%。

三、主要病虫草害

1. 菌核病

油菜菌核病是一种典型的气候型病害，油菜菌核病，又称菌核杆腐病，是由核盘菌引起的，菌核不规则形，鼠粪状，表面黑色，内部粉红色，全部由菌丝组成，外表无茸毛，萌发时先产生针状肉质的子囊盘柄，其后柄的顶端膨大并逐渐形成子囊盘。菌核病是余姚市市油菜的主要病害，茎、叶、花、角果均可受害，严重时病变茎秆腐烂折断，全株提早萎蔫枯死，严重影响油菜籽的产量和质量。由于连年种植，田间菌源十分充足，如遇花期连续阴雨天气，极易造成菌核病流行。

防治方法如下。

（1）及时做好清沟排水，降低田间湿度，促根保叶，提高植株抗病力。

（2）摘去油菜基部老叶、黄叶、病叶并带出田外集中处理，减少病源，改善环境，避免再侵染。

（3）药剂防治，初花期每亩选用50%腐霉利可湿性粉剂60 g加水30~45 kg均匀喷雾。

2. 病毒病

油菜病毒病又称油菜花叶病，主要由芜菁花叶病毒、黄瓜花叶病毒、烟草花叶病毒、油菜花叶病毒引起，为害油菜的叶、茎秆、花、角果，严重的减产可达70%以上。此外，病株抗逆能力下降，冬春也易遭受冻害。油菜病毒病主要由蚜虫传染病毒引起，因此防治应以消灭传毒蚜虫为重点。

防治措施。油菜秧苗有蚜株率达3%~5%或移栽后有蚜株达10%以上时，用70%吡虫啉可湿性粉剂4 g/亩兑水30 kg均匀喷雾，预防病毒病。

3. 草害

针对移栽油菜，在移栽前5~7 d，亩用41%草甘膦水剂

150~200 mL，兑水 30~40 kg 均匀喷雾消灭老草。

对于处于芽期的杂草，移栽前或移栽后杂草出土前，亩用 50%乙草胺乳油 70 mL 或用 90%乙草胺乳油 30~40 mL，兑水 30~40 kg 均匀喷雾，土壤干燥时需适当加大用水量，以提高对杂草的封杀效果。

以禾本科杂草为主的田块，在杂草 3~4 叶期，亩用 5%精喹禾灵乳油 45~60 mL 或用 10.8%高效氟吡甲禾灵乳油 25~30 mL，兑水 30~40 kg 均匀喷雾。以阔叶杂草为主的田块，可在杂草 2~3 叶期，油菜返青后，亩用 50%草除灵悬浮剂 30~40 mL，兑水 30~40 kg 均匀喷雾。禾本科杂草与阔叶杂草混合重发油菜田，可选用草除灵与精喹禾灵复配的药剂进行防除，在移栽后 7~10 d，杂草在 2~4 叶期时，亩用 17.5%精喹·草除灵乳油 90~120 mL，兑水 30~40 kg 喷雾。草除灵及其复配制剂不宜在白菜型和芥菜型的油菜田使用，并应在气温 8 ℃以上时使用为宜，否则易产生药害。

四、栽培技术

余姚市油菜的上一茬主要是单季晚稻，由于不少单季晚稻收获期较晚，因此需要选择抗寒耐迟播油菜，直播条件下亩播种量 200~300 g，10 月底前播的，约 200 g，11 月以后酌量增加；亩施 35~40 kg 专用缓释肥作基肥；用旋耕开沟一体机同步完成浅旋耕和深开沟；干旱年份预先灌水，灌透排干，平常年份主要是做好排水防渍害工作。

参 考 文 献

韩红煊，金武昌，2013. 余姚市耕地地力现状与评价［M］. 北京：中国农业出版社.

胡立勇，丁艳锋，2019. 作物栽培学［M］. 2版. 北京：高等教育出版社.

金武昌，2009. 主要农作物栽培技术［M］. 杭州：杭州出版社.

张国平，周伟军，2016. 作物栽培学［M］. 2版. 杭州：浙江大学出版社.

朱德峰，张玉屏，林青贤，等，2009. 浅析2008年全球水稻生产、价格和技术［J］. 中国稻米，15（1）：71-73.

附　　录

附录1　余姚市早稻（抛秧）高产栽培技术模式图

<table>
<tr><td colspan="2" rowspan="2">月份</td><td colspan="2">3月</td><td colspan="3">4月</td><td colspan="3">5月</td><td colspan="3">6月</td><td colspan="3">7月</td><td>8月</td></tr>
<tr><td>中旬</td><td>下旬</td><td>上旬</td><td>中旬</td><td>下旬</td><td>上旬</td><td>中旬</td><td>下旬</td><td>上旬</td><td>中旬</td><td>下旬</td><td>上旬</td><td>中旬</td><td>下旬</td><td>上旬</td></tr>
<tr><td rowspan="2">生育进程</td><td>生育阶段</td><td colspan="15">播种---------秧苗期---------抛栽----有效分蘖期--------孕穗期------------齐穗---------结实期--------成熟</td></tr>
<tr><td>指标要求</td><td colspan="2">3月底—4月初播种，亩用种量5~6 kg</td><td colspan="6">4月下旬抛栽
秧龄25~30 d左右，基本苗12万/亩左右</td><td colspan="2">最高苗40万~45万/亩</td><td colspan="2">有效穗20万~25万/亩</td><td colspan="3">总粒数110~120粒，千粒重26~27 g，目标产量500 kg/亩以上</td></tr>
</table>

<table>
<tr><td colspan="2">秧田管理</td><td colspan="2">大田管理</td></tr>
<tr><td>肥水管理</td><td>病虫草防治</td><td>肥水管理</td><td>病虫草防治</td></tr>
<tr><td>1. 播后尼龙农膜搭架覆盖
2. 夜间温度稳定在15 ℃以上可揭膜炼苗，但揭膜前必须先灌水
3. 平时做到晴天平沟水，阴天保持半沟水，雨天排干水
4. 秧田基肥亩施碳铵15~20 kg、过磷酸钙20 kg和氯化钾5.0~7.5 kg
5. 起秧前3 d亩施起身肥尿素4~5 kg</td><td>1. 用25%氰烯菌酯悬浮剂2 000倍液浸种48 h
2. 提倡集中连片育秧，清除田间杂草可选用17.2%苄嘧·哌草丹可湿性粉剂250~300 g加水45 kg喷雾
3. 揭膜炼苗用药防治，杜绝虫源迁入为害
4. 起秧前3~5 d，亩用20%氯虫苯甲酰悬浮剂10 mL加水30 kg喷雾，带药下田</td><td>1. 抛后薄水立苗
2. 总茎蘖苗达适宜穗数的80%时及时搁田，搁田后间歇灌溉，以浅灌为主；孕穗期开始保持薄水层；抽穗扬花期保持浅水层，灌浆期间歇灌溉；收割前7 d停止灌水，严防断水过早
3. 大田基肥亩施碳铵35 kg，过磷酸钙25 kg；移栽后5~7 d亩施促蘖肥尿素8~10 kg加氯化钾6~8 kg；5月下旬亩施促花肥尿素5~7 kg</td><td>1. 结合第1次追肥亩用50%苄嘧·苯噻酰可湿性粉剂40~60 g或者37.5%苄·丁可湿性粉剂100 g拌尿素撒施除草
2. 分蘖至拔节孕穗期可亩用10%阿维·甲虫肼悬浮剂80 mL或34%乙多·甲氧虫悬浮剂30 mL加水30 kg喷施防治螟虫；防治白背飞虱一般亩用70%吡虫啉水分散粒剂4 g加水45 kg喷雾
3. 注意病虫害防治，做好纹枯病、卷叶螟、稻飞虱、蚜虫等的防治</td></tr>
</table>

<table>
<tr><td>代表品种</td><td>目标亩产</td><td>亩基本苗</td><td>亩最高苗</td><td>亩有效穗</td><td>穗总粒</td><td>穗实粒</td><td>千粒重</td><td rowspan="2">代表品种生育特性
中早39在我市作早稻抛秧栽培时，3月底至4月初播种，6月下旬齐穗，7月中下旬成熟，全生育期110 d左右。该品种具有矮秆抗倒、抗逆力强、穗多粒重、稳产高产的优点。一般每亩有效穗20万~25万，千粒重26~27 g，需严格控制后期用肥。该品种抗稻瘟病，高感白叶枯病</td></tr>
<tr><td>中早39</td><td>500 kg</td><td>10万~12万</td><td>40万~45万</td><td>20万~25万</td><td>110~120粒</td><td>100~110粒</td><td>26~27 g</td></tr>
</table>

附录 2　余姚市早稻（机插）高产栽培技术模式图

月份		3月		4月			5月			6月			7月			8月
		中旬	下旬	上旬	中旬	下旬	上旬	中旬	下旬	上旬	中旬	下旬	上旬	中旬	下旬	上旬
生育进程	生育阶段		播种	------秧苗期----		机插	------有效分蘖期------			孕穗期------		齐穗	------结实期------		成熟	
	指标要求	3月底至4月初播种，亩用种量4~5 kg			4月底前完成机插 秧龄20~25 d，基本苗9万~11万/亩					最高苗25万~30万/亩		有效穗20万/亩左右		总粒数110~120粒，千粒重26~27 g，目标产量450~500 kg/亩		

秧田管理		大田管理	
肥水管理	病虫草防治	肥水管理	病虫草防治
1. 播后尼龙农膜搭架覆盖或大棚育秧 2. 夜间温度稳定在 15 ℃以上可揭膜炼苗，但揭膜前必须先灌水 3. 平时做到晴天平沟水，阴天保持半沟水，雨天排干水 4. 秧田基肥亩施碳铵 15~20 kg、过磷酸钙 20 kg 和氯化钾 5~7.5 kg 5. 起秧前 3 d 亩施起身肥尿素 4~5 kg	1. 用25%氰烯菌酯悬浮剂 2 000 倍液浸种 48 h 2. 提倡集中连片育秧，清除田间杂草可选用 17.2% 苄嘧·哌草丹可湿性粉剂 250~300 g 加水 45 kg 喷雾 3. 揭膜炼苗用药防治，杜绝虫源迁入为害 4. 起秧前 3~5 d，亩用20%氯虫本甲酰胺悬浮剂 10 mL 加水 30 kg 喷雾，带药下田	1. 完成机插后及时灌浅水护苗活棵，随后间歇灌溉，扎根立苗 2. 活棵分蘖期浅水勤灌，促根促蘖；总茎蘖苗达适宜穗数的 80%时及时晒田 3. 拔节孕穗期保持 10~15 d 浅水层，其他时间采用间歇湿润灌溉；抽穗扬花期保持浅水层；灌浆结实期干湿交替，防止断水过早 4. 大田施足基肥；栽插后 7 d 左右施第 1 次蘖肥；栽后 14 d 施第 2 次蘖肥；5 月底看天、看苗、看田施穗肥	1. 结合第 1 次追肥亩用 50%苄嘧·苯噻酰可湿性粉剂 40~60 g 或者 37.5%苄·丁可湿性粉剂 100 g 拌尿素撒施除草 2. 分蘖至拔节孕穗期可亩用 10%阿维·甲虫肼悬浮剂 80 mL 或 34%乙多·甲氧虫悬浮剂 30 mL 加水 30 kg 喷施防治螟虫；防治稻飞虱一般亩用 70%吡虫啉水分散粒剂 4 g 加水 45 kg 喷雾 3. 注意病虫害防治，做好纹枯病、卷叶螟、稻飞虱、蚜虫等的防治

主推品种	目标亩产	亩基本苗	亩最高苗	亩有效穗	穗总粒	穗实粒	千粒重	代表品种生育特性
中早 39	450~500 kg	10 万左右	25 万~30 万	20 万左右	110~120 粒	100~110 粒	26~27 g	中早 39 在余姚市作早稻机插栽培，3 月底至 4 月初播种，6 月中下旬齐穗，7 月下旬成熟，全生育期 115 d 左右。该品种穗层整齐，株高适中，茎秆粗壮，叶片挺，着粒较密。一般每亩有效穗 20 万左右，千粒重 26~27 g，应严格控制后期用肥。该品种抗稻瘟病，高感白叶枯病

附录3 余姚市连作晚稻（抛秧）高产栽培技术模式图

<table>
<tr><td colspan="2" rowspan="2">月份</td><td colspan="3">7月</td><td colspan="3">8月</td><td colspan="3">9月</td><td colspan="3">10月</td><td colspan="3">11月</td></tr>
<tr><td>上旬</td><td>中旬</td><td>下旬</td><td>上旬</td><td>中旬</td><td>下旬</td><td>上旬</td><td>中旬</td><td>下旬</td><td>上旬</td><td>中旬</td><td>下旬</td><td>上旬</td><td>中旬</td><td>下旬</td></tr>
<tr><td rowspan="2">生育进程</td><td>生育阶段</td><td colspan="15">播种----秧苗期----抛栽--------有效分蘖期---- --------长穗期----齐穗------------结实期----------------成熟</td></tr>
<tr><td>指标要求</td><td colspan="2">7月5日前后播种</td><td colspan="4">7月25日前后抛栽
秧龄20 d左右，基本苗8万~12万</td><td colspan="2">最高苗40万~45万</td><td colspan="2">有效穗25万~30万</td><td colspan="5">总粒数110粒左右，千粒重25 g以上</td></tr>
<tr><td>主攻目标</td><td colspan="3">浸种催芽，精做秧板</td><td colspan="7">壮秆攻穗</td><td colspan="3">保活熟，争粒重</td><td colspan="3" rowspan="5">代表品种生育特性
秀水134
秀水134在余姚市作连晚栽培时，7月上旬播种，9月中下旬齐穗，11月初成熟，全生育期125 d左右。该品种株型紧凑，株高85 cm左右，株型较紧凑，剑叶较短挺，叶色中绿，茎秆粗壮，叶鞘包节；谷壳较黄亮，偶有褐斑，无芒，颖尖无色，谷粒椭圆形。一般每亩有效穗25万~30万，结实率高达80%左右，千粒重25~26 g。该品种抗稻瘟病，中抗白叶枯病，感褐稻虱，中感条纹叶枯病</td></tr>
<tr><td>栽培作业</td><td colspan="3">1. 每亩大田用种量5~5.5 kg
2. 每亩大田准备抛秧软盘100~120个，精做秧田，板面平整无积水，软硬适中
3. 播前晒种，室内浸种催芽</td><td colspan="7">1. 傍晚播种，保湿、防晒、防雀
2. 抛秧前，整平田面，浅水移栽
3. 搁田复水后，及时清除稗草和田边杂草</td><td colspan="3">青秆黄熟、适时收割</td></tr>
<tr><td>合理用肥</td><td colspan="3">1. 秧田基肥亩施碳铵15~20 kg、过磷酸钙20 kg和氯化钾5~7.5 kg
2. 秧田秧苗2叶1心期亩施尿素2~3 kg
3. 起秧前3 d亩施起身肥尿素4~5 kg</td><td colspan="7">1. 大田基肥亩施碳铵40 kg，过磷酸钙20 kg。
2. 抛秧后3~5 d亩施促蘖肥尿素8~10 kg加氯化钾5 kg
3. 8月中下旬亩施促花肥尿素6~8 kg加氯化钾3~5 kg
4. 具体施肥量及施肥时间要根据田块肥力、苗情、天气等因素酌情调整</td><td colspan="3">灌浆期可酌情根外追肥每亩0.5 kg尿素加适量磷酸二氢钾加水40~50 kg喷雾。可以防早衰，增粒重</td></tr>
<tr><td>科学用水</td><td colspan="3">抛秧田成片育秧，沟渠畅通，排灌方便</td><td colspan="7">1. 抛秧时做到抛秧田平、草净、面糊、无积水
2. 立苗前日灌夜排防败苗
3. 搁田后间歇灌溉，以浅灌为主
4. 孕穗期开始保持薄水层</td><td colspan="3">抽穗扬花保持浅水层，灌浆期间歇灌溉，收割前7 d左右停止灌水，严防断水过早，断水时间以不影响机械收割为度</td></tr>
<tr><td>综合防治病虫草</td><td colspan="3">用25%氰烯菌酯悬浮剂2 000倍液浸种48 h</td><td colspan="7">1. 鸟雀为害重的地方，可在催芽后播种前，每5 kg稻种加35%丁硫克百威种子处理干粉剂20 g拌种
2. 秧田提倡清洁田边四周杂草与灰飞虱，是培育无病秧苗的关键措施
3. 秧田播种后当天，亩用17.2%苄嘧·哌草丹可湿性粉剂250~300 g化学除草
4. 起秧前3~5 d，亩用20%氯虫苯甲酰胺悬浮剂10 mL加水30 kg喷雾，带药下田
5. 结合第1次追肥亩用50%苄嘧·苯噻酰可湿性粉剂50~60 g或37.5%苄·丁可湿性粉剂100 g除草
6. 注意病虫害防治，做好纹枯病、卷叶螟、稻曲病、稻飞虱、蚜虫等的防治</td><td colspan="3">乳熟期亩用10%三氟苯嘧啶悬浮剂16 mL或60%吡蚜酮水分散粒剂16 g加水45 kg防稻飞虱</td></tr>
</table>

附录4　余姚市连作晚稻（机插）高产栽培技术模式图

<table>
<tr><td colspan="2" rowspan="2">月份</td><td colspan="3">7月</td><td colspan="3">8月</td><td colspan="3">9月</td><td colspan="3">10月</td><td colspan="3">11月</td></tr>
<tr><td>上旬</td><td>中旬</td><td>下旬</td><td>上旬</td><td>中旬</td><td>下旬</td><td>上旬</td><td>中旬</td><td>下旬</td><td>上旬</td><td>中旬</td><td>下旬</td><td>上旬</td><td>中旬</td><td>下旬</td></tr>
<tr><td rowspan="2">生育进程</td><td>生育阶段</td><td colspan="15">播种 ----秧苗期---- 移栽 ----有效分蘖期---- ¦ ----长穗期---- 齐穗 ----结实期---- 成熟</td></tr>
<tr><td>指标要求</td><td colspan="2">7月初播种</td><td colspan="4">7月25日左右移栽
秧龄20~25 d，基本苗7万~10万</td><td colspan="2">最高苗25万~30万</td><td colspan="2">有效穗18万~20万</td><td colspan="5">总粒数115~125粒，千粒重25 g以上</td></tr>
<tr><td>主攻目标</td><td colspan="3">浸种催芽，精做秧板</td><td colspan="7">壮秆攻穗</td><td colspan="3">保活熟，争粒重</td><td colspan="3" rowspan="5">代表品种生育特性
宁88
宁88在余姚市作连晚栽培时，7月初播种，9月下旬齐穗，11月上旬成熟，全生育期125 d左右。该品种株型紧凑，株高适中，茎秆粗壮，剑叶挺直；抽穗整齐，半弯穗型，着粒较密，无芒；灌浆速度快，结实率高，穗基部充实度好，谷粒阔卵形、饱满。一般每亩有效穗18万~20万，结实率在85%以上，千粒重25.0~26.5 g。该品种中抗白叶枯病，中感稻瘟病</td></tr>
<tr><td>栽培作业</td><td colspan="3">1. 每亩大田用种量4~5 kg
2. 板面平整无积水，软硬适中
3. 平时做到晴天平沟水，阴天半沟水，雨天排干水
4. 播前晒种，室内浸种催芽</td><td colspan="7">1. 傍晚播种，保湿、防晒、防雀
2. 移栽前，整平田面，浅水移栽
3. 搁田复水后，及时清除稗草和田边杂草</td><td colspan="3">青秆黄熟、适时收割</td></tr>
<tr><td>合理用肥</td><td colspan="3">1. 秧田基肥亩施碳铵15~20 kg、过磷酸钙20 kg和氯化钾5~7.5 kg
2. 秧田秧苗2叶1心期亩施尿素2~3 kg
3. 起秧前3 d亩施起身肥尿素4~5 kg</td><td colspan="7">1. 大田基肥亩施碳铵30 kg，过磷酸钙20 kg。
2. 抛秧后4~5 d亩施蘖肥尿素8~10 kg
3. 8月中旬亩施蘖肥尿素6~8 kg加氯化钾9~12 kg
4. 出穗前18~20 d，看天、看苗、看田施穗肥
5. 具体施肥量及施肥时间要根据田块肥力、苗情、天气等因素酌情调整</td><td colspan="3">灌浆期可酌情根外追肥每亩0.5 kg尿素加适量磷酸二氢钾加水40~50 kg喷雾。可以防早衰，增粒重</td></tr>
<tr><td>科学用水</td><td colspan="3">秧田成片育秧，沟渠畅通，排灌方便</td><td colspan="7">1. 移栽时做到田平、草净、面糊
2. 立苗前日灌夜排防败苗
3. 搁田后间歇灌溉，以浅灌为主
4. 孕穗期开始保持薄水层</td><td colspan="3">抽穗扬花保持浅水层，灌浆期间歇灌溉，收割前7 d左右停止灌水，严防断水过早，断水时间以不影响机械收割为度</td></tr>
<tr><td>综合防治病虫草</td><td colspan="3">用25%氰烯菌酯悬浮剂2 000倍液浸种48 h</td><td colspan="7">1. 鸟雀为害重的地方，可在催芽后播种前，每5 kg稻种加35%丁硫克百威种子处理干粉剂20 g拌种
2. 秧田提倡清洁田边四周杂草与灰飞虱，是培育无病秧苗的关键措施
3. 秧田播种后当天，亩用17.2%苄嘧·哌草丹可湿性粉剂250~300 g化学除草
4. 起秧前3~5 d，亩用20%氯虫苯甲酰胺悬浮剂10 mL加水30 kg喷雾，带药下田
5. 结合第1次追肥亩用50%苄嘧·苯噻酰可湿性粉剂50~60 g或37.5%苄·丁可湿性粉剂100 g除草
6. 注意病虫害防治，做好纹枯病、卷叶螟、稻曲病、稻飞虱、蚜虫等的防治</td><td colspan="3">乳熟期亩用10%三氟苯嘧啶悬浮剂16 mL或60%吡蚜酮水分散粒剂16 g加水45 kg防稻飞虱</td></tr>
</table>

附录5　余姚市单季晚稻（直播）高产栽培技术模式图

<table>
<tr><td colspan="2" rowspan="2">月份</td><td colspan="3">6月</td><td colspan="3">7月</td><td colspan="3">8月</td><td colspan="3">9月</td><td colspan="3">10月</td><td colspan="2">11月</td></tr>
<tr><td>上旬</td><td>中旬</td><td>下旬</td><td>上旬</td><td>中旬</td><td>下旬</td><td>上旬</td><td>中旬</td><td>下旬</td><td>上旬</td><td>中旬</td><td>下旬</td><td>上旬</td><td>中旬</td><td>下旬</td><td>上旬</td><td>中旬</td></tr>
<tr><td rowspan="2">生育进程</td><td>生育阶段</td><td colspan="17">播种------------有效分蘖期------长穗期------齐穗------结实期------成熟</td></tr>
<tr><td>指标要求</td><td colspan="7">6月10日前后播种</td><td colspan="3">最高苗38万左右</td><td colspan="3">有效穗25万~27万</td><td colspan="4">总粒数100~110粒，千粒重25~26 g</td></tr>
<tr><td>主攻目标</td><td colspan="4">播前准备</td><td colspan="8">促壮秆，攻大穗</td><td colspan="3">保活熟，争粒重</td><td colspan="3" rowspan="5">代表品种生育特性
秀水134
秀水134在余姚市作单晚直播，6月10日前后播种，9月10日前后齐穗，10月底至11月初成熟，全生育期150 d左右，属中熟晚粳。该品种株型紧凑，株高85 cm左右，株型较紧凑，剑叶较短挺，叶色中绿，茎秆粗壮，叶鞘包节；谷壳较黄亮，偶有褐斑，无芒，颖尖无色，谷粒椭圆形，一般每亩有效穗25万~26万，每穗总粒数100~110粒，结实率85%以上，千粒重25~26 g。该品种抗稻瘟病，中抗白叶枯病，感褐稻虱，中感条纹叶枯病</td></tr>
<tr><td>栽培作业</td><td colspan="4">1. 选用优质高产、抗倒性好、大穗型的良种，常规品种亩用种3~3.5 kg，杂交品种0.75~1 kg
2. 翻耕整田，一般畦宽3~4 m
3. 播前晒种1~2 d，室内浸种催芽</td><td colspan="8">1. 翻耕整平后，隔夜播种，防稻籽烂种
2. 搁田复水后，及时拔除稗草，清除田边杂草</td><td colspan="3">青秆黄熟、适时收割</td></tr>
<tr><td>合理用肥</td><td colspan="4">基肥亩施有机肥500 kg、碳铵30 kg、过磷酸钙25 kg，或复合肥35 kg（45%）</td><td colspan="8">1. 1叶1心期亩施断奶肥尿素5~8 kg
2. 6月底至7月初，亩施促蘖肥尿素8 kg，加氯化钾8 kg
3. 7月中下旬亩施壮秆肥尿素5~8 kg
4. 8月上旬亩施复合肥（45%）15~20 kg作促花肥
5. 具体施肥量及施肥时间要根据田块肥力、苗情、天气等因素酌情调整</td><td colspan="3">灌浆期可酌情根外追肥每亩0.5 kg尿素加适量磷酸二氢钾加水40~50 kg喷雾。可以防早衰，增粒重</td></tr>
<tr><td>科学用水</td><td colspan="4">沟渠畅通，排灌方便</td><td colspan="8">1. 播种时做到畦平无积水，保持平沟水或半沟水
2. 3叶期后可灌水上秧板
3. 搁田后间歇灌溉，以浅灌为主
4. 孕穗期开始保持薄水层</td><td colspan="3">抽穗扬花保持浅水层，灌浆期间歇灌溉，收割前7 d停止灌水，严防断水过早</td></tr>
<tr><td>综合防治病虫草</td><td colspan="4">用25%氰烯菌酯悬浮剂2 000倍液浸种48 h</td><td colspan="8">1. 催芽后播种前，每5 kg稻种加35%丁硫克百威种子处理干粉剂20 g拌种
2. 翻耕前7~10 d，亩用30%草甘膦水剂400 mL，加水30 kg均匀喷雾
3. 催芽播种塌谷后2~3 d，亩用40%苄嘧·丙草胺可湿性粉剂60 g加水30 kg均匀喷雾，施药时必须保持土壤湿润，用药后保持秧沟有水，田面湿润
4. 在稗草2~3叶期（播种后10~12 d），亩用2.5%五氟磺草胺可分散油悬浮剂50~60 mL+10%氰氟草酯乳油60 mL，或用10%噁唑·氰氟乳油120~150 mL，加水30 kg均匀细喷雾
5. 注意病虫害防治，做好纹枯病、卷叶螟、稻曲病、稻飞虱、蚜虫等的防治</td><td colspan="3">乳熟期亩用10%三氟苯嘧啶悬浮剂16 mL或60%吡蚜酮水分散粒剂16 g加水45 kg防稻飞虱</td></tr>
</table>

附录 6　余姚市单季晚稻（机插）高产栽培技术模式图

<table>
<tr><td colspan="2" rowspan="2">月份</td><td colspan="3">6月</td><td colspan="3">7月</td><td colspan="3">8月</td><td colspan="3">9月</td><td colspan="3">10月</td><td colspan="2">11月</td></tr>
<tr><td>上旬</td><td>中旬</td><td>下旬</td><td>上旬</td><td>中旬</td><td>下旬</td><td>上旬</td><td>中旬</td><td>下旬</td><td>上旬</td><td>中旬</td><td>下旬</td><td>上旬</td><td>中旬</td><td>下旬</td><td>上旬</td><td>中旬</td></tr>
<tr><td rowspan="2">生育进程</td><td>生育阶段</td><td colspan="17">播种------------有效分蘖期------长穗期------齐穗------结实期------成熟</td></tr>
<tr><td>指标要求</td><td colspan="7">5月底至6月初播种</td><td colspan="3">最高苗35万以下</td><td colspan="3">有效穗20万~21万</td><td colspan="4">总粒数115~125粒，千粒重25~26 g</td></tr>
<tr><td colspan="2">主攻目标</td><td colspan="3">播前准备</td><td colspan="8">促壮秆，攻大穗</td><td colspan="3">保活熟，争粒重</td><td colspan="3" rowspan="5">代表品种生育特性
宁88
宁88在余姚市作单晚机插栽培时，5月底至6月初播种，9月中旬齐穗，11月上旬成熟，全生育期155 d左右。该品种株型紧凑，株高适中，茎秆粗壮，剑叶挺直；抽穗整齐，半弯穗型，着粒较密，无芒；灌浆速度快，结实率高，穗基部充实度好，谷粒阔卵形、饱满。一般每亩有效穗20万~21万，结实率在85%以上，千粒重25~26 g。该品种中抗白叶枯病，中感稻瘟病</td></tr>
<tr><td colspan="2">栽培作业</td><td colspan="3">1. 常规品种亩用种3.0~3.5 kg，杂交品种1 kg
2. 板面平整无积水，软硬适中
3. 平时做到晴天平沟水，阴天保持半沟水，雨天排干水
4. 播前晒种，室内浸种催芽</td><td colspan="8">1. 傍晚播种，保湿、防晒、防雀
2. 移栽前，整平田面，浅水移栽
3. 搁田复水后，及时清除稗草和田边杂草</td><td colspan="3">青秆黄熟、适时收割</td></tr>
<tr><td colspan="2">合理用肥</td><td colspan="3">1. 秧田基肥亩施碳铵15~20 kg、过磷酸钙20 kg和氯化钾5~7.5 kg
2. 秧田秧苗2叶1心期亩施尿素2~3 kg
3. 起秧前3 d亩施起身肥尿素4~5 kg</td><td colspan="8">1. 基肥亩施有机肥500 kg、碳铵30 kg、过磷酸钙25 kg，或复合肥35 kg（45%）
2. 第1次蘖肥：亩施尿素8 kg
3. 第2次蘖肥：亩施尿素5~8 kg，加氯化钾8 kg
4. 亩施尿素3~5 kg作穗肥
5. 具体施肥量及施肥时间要根据田块肥力、苗情、天气等因素酌情调整</td><td colspan="3">灌浆期可酌情根外追肥每亩0.5 kg尿素加适量磷酸二氢钾加水40~50 kg喷雾。可以防早衰，增粒重</td></tr>
<tr><td colspan="2">科学用水</td><td colspan="3">沟渠畅通，排灌方便</td><td colspan="8">1. 移栽时做到田平、草净、面糊
2. 立苗前日灌夜排防败苗
3. 搁田后间歇灌溉，以浅灌为主
4. 孕穗期开始保持薄水层</td><td colspan="3">抽穗扬花保持浅水层，灌浆期间歇灌溉，收割前7 d停止灌水，严防断水过早</td></tr>
<tr><td colspan="2">综合防治病虫草</td><td colspan="3">用25%氰烯菌酯悬浮剂2 000倍液浸种48 h</td><td colspan="8">1. 鸟雀为害重的地方，可在催芽后播种前，每5 kg稻种加35%丁硫克百威种子处理干粉剂20 g拌种
2. 秧田提倡清洁田边四周杂草与灰飞虱，是培育无病秧苗的关键措施
3. 秧田播种后当天，亩用17.2%苄嘧·哌草丹可湿性粉剂250~300 g化学除草
4. 起秧前3~5 d，亩用20%氯虫苯甲酰胺悬浮剂10 mL加水30 kg喷雾，带药下田
5. 结合第1次追肥亩用50%苄嘧·苯噻酰可湿性粉剂50~60 g或37.5%苄·丁可湿性粉剂100 g除草
6. 注意病虫害防治，做好纹枯病、卷叶螟、稻曲病、稻飞虱、蚜虫等的防治</td><td colspan="3">乳熟期亩用10%三氟苯嘧啶悬浮剂16 mL或60%吡蚜酮水分散粒剂16 g加水45 kg防稻飞虱</td></tr>
</table>

附录 7　余姚市小麦高产栽培技术模式图

<table>
<tr><td rowspan="2">季节</td><td>月</td><td colspan="3">11</td><td colspan="3">12</td><td colspan="3">1</td><td colspan="3">2</td><td colspan="3">3</td><td colspan="3">4</td><td colspan="3">5</td></tr>
<tr><td>旬</td><td>上</td><td>中</td><td>下</td><td>上</td><td>中</td><td>下</td><td>上</td><td>中</td><td>下</td><td>上</td><td>中</td><td>下</td><td>上</td><td>中</td><td>下</td><td>上</td><td>中</td><td>下</td><td>上</td><td>中</td><td>下</td></tr>
<tr><td colspan="2">生育期</td><td colspan="21">播种---------幼苗期------------分蘖---------------分蘖期---------------拔节----拔节孕穗期-齐穗---------灌浆结实期----成熟</td></tr>
<tr><td colspan="2">主攻目标</td><td colspan="8">精细播种，一播全苗</td><td colspan="6">早促分蘖，保证年内苗；排水通畅，防止渍害</td><td colspan="4">壮秆攻大穗，提高成穗率</td><td colspan="3">养根保叶，防止早衰</td></tr>
<tr><td colspan="2">技术指标</td><td colspan="8">种子纯净饱满，发芽率 85%以上。出苗整齐，每亩基本苗达到 15 万~16 万</td><td colspan="6">4 叶期普遍出现分蘖，年内苗与预期有效穗数相近，高峰苗控制在预期有效穗数的 2.5 倍</td><td colspan="4">成穗率达到 40%左右，每亩有效穗在 30 万左右</td><td colspan="3">灌浆初期主茎有 6 片绿叶，乳熟期 4~5 片，成熟期 3 片，青秆黄熟，麦粒饱满</td></tr>
<tr><td colspan="2">主要技术措施</td><td colspan="8">1. 田块选择：选择排灌方便的稻田。水稻生育期间，挖好四周围沟及田沟，生育后期以间歇灌溉为主，保持土体硬实，收割前 7~10 d 断水并清理围沟
2. 种子准备：选用主栽品种扬麦 20。选用籽粒饱满，纯度好，发芽率高的种子。播前选用 25%三唑酮可湿性粉剂 50 g 或 6%戊唑醇悬浮种衣剂 25~30 mL，兑少量水搅匀后，拌麦种 50 kg，充分拌匀后适当摊晾，然后播种
3. 播种：适宜播种期 11 月 10 日至 11 月 25 日。播种量每亩大田播 10~12.5kg，随播期时间的推迟适当增加播种量
4. 采用免耕或浅旋耕：免耕田播种前 2~3 d，每亩用 41%草甘膦水剂 150~200 mL，兑水 30 kg 除草。对稻草进行切碎还田等处理。浅旋耕深度为 5 cm 左右，配合精细整地，做到三沟配套。畦宽 2 m，沟宽 20 cm，主沟深度 20 cm 以上，沟沟相通，达到雨停沟干
5. 施足基肥：采用免耕或翻耕技术的田块，每亩大田施商品有机肥 500 kg，配施三元复合肥（N：P_2O_5：K_2O=15：15：15，下同）30 kg</td><td colspan="6">1. 早施分蘖肥：在小麦 2 叶 1 心时，每亩追施尿素 5.0~7.5 kg
2. 杂草防治：在播后至麦苗 2 叶 1 心期或杂草 2 叶 1 心期前，每亩用 50%异丙隆可湿性粉剂 100~125 g 兑水 30~45 kg 均匀喷雾；还可在杂草 2~4 叶期，每亩用 15%炔草酯可湿性粉剂 20 g，兑水 30~45 kg 均匀喷雾
3. 防止田间积水：雨水较多时，及时清沟排水</td><td colspan="4">1. 适施拔节肥：小麦拔节第 1 节间定位后，每亩追施尿素 10 kg
2. 注意清沟排水，防止田间积水</td><td colspan="3">1. 在小麦孕穗后期，对叶色偏黄田块，每亩施三元复合肥 10 kg
2. 病害虫防治：在小麦始穗至扬花期防赤霉病 1~2 次。第 1 次（关键）见花打药（抽穗期天晴、温度高，边抽穗边扬花，防治时间要求严格-时间短，雨水影响）。第 2 次隔 7~10 d。防治药剂为 43%戊唑醇悬浮剂，20 mL/亩，加水 30~45 kg 均匀喷雾，对白粉病有较好的兼治效果。用 70%吡虫啉水分散粒剂 4 g/亩加水 30~45 kg 均匀喷雾防治蚜虫
3. 抓好清沟排水，防止田间积水造成渍害
4. 适时收获：蜡熟末期及时收获</td></tr>
</table>

附录 8　2020 年余姚市病虫情报

油菜菌核病发生趋势及防治意见

一、发生趋势

油菜菌核病是一种典型的气候型病害，也是余姚市油菜的主要病害，茎、叶、花、角果均可受害，严重时病变茎秆腐烂折断，全株提早萎蔫枯死，严重影响油菜籽的产量和质量。由于连年种植，田间菌源十分充足，如遇花期连续阴雨天气，极易造成菌核病流行。受暖冬天气条件影响，油菜生育期较 2019 年和常年偏早，部分田块陆续进入初花期，正是菌核病防治的关键时期，因此要密切关注天气变化，根据油菜生育期及时做好菌核病防治工作。

二、防治意见

（1）及时做好清沟排水，降低田间湿度，促根保叶，提高植株抗病力。

（2）摘去油菜基部老叶、黄叶、病叶并带出田外集中处理，减少病源，改善环境，避免再侵染。

（3）药剂防治。初花期每亩选用 50% 腐霉利可湿性粉剂 60 g 加水 30~45 kg 均匀喷雾。

早稻种子处理和秧田、直播田化学除草技术意见

春播育秧工作即将开始，为保障早稻稳产高产，必须切实做好早稻种子处理和秧田、直播田化学除草工作，控制恶苗病等种传病害及杂草的发生为害。

一、早稻种子处理

浸种。用25%氰烯菌酯悬浮液2 000倍液浸种，即每毫升药剂加水2 kg，先搅拌均匀形成药液后，再浸入干种子，干种子与药液的比例控制在1.0∶1.3左右，浸入稻种后再次搅拌均匀，捞去上浮瘪谷，浸种浸足48 h，捞起沥干后直接催芽、播种。不同来源地的稻种恶苗病对氰烯菌酯抗性不一，单用氰烯菌酯效果不佳的地方，可采用氰烯菌酯与咪鲜胺复配浸种，具体可用25%氰烯菌酯悬浮液+25%咪鲜胺乳油2 000倍液浸种，即25%氰烯菌酯悬浮液和25%咪鲜胺乳油各1 mL加水2 kg。直播田浸种时每5 kg种子加1~2 g 70%吡虫啉水分散粒剂浸种，也可以拌种。

拌种。鸟害重的地方，可在催芽后播种前，每5 kg稻种拌35%丁硫克百威种子处理干粉剂20 g，拌种前必须保持谷种表面湿润，然后来回翻动，充分拌匀，再播种。35%丁硫克百威种子处理干粉剂属中等毒性杀虫剂，对家禽仍有一定的毒性，播种后要防止鸡鸭等家禽进入秧田，以免发生中毒死亡事件。

二、秧田、直播田化学除草

1. 土壤封闭

（1）17.2%苄嘧·哌草丹可湿性粉剂。早稻播种塌谷后当天

至 3 d 内，亩用 250~300 g。

（2）40%苄嘧·丙草胺可湿性粉剂。适宜早稻直播田，催芽播种后 2~4 d 用药，亩用 45~60 g。

上述药剂任选一种，加水 45 kg 均匀喷雾，喷药时秧板要平整不积水，喷药后保持秧沟有水，秧板湿润。

2. 茎叶处理

五氟磺草胺可分散油悬浮剂+氰氟草酯乳油或五氟·氰氟草可分散油悬浮剂。稗草 2~3 叶期（播后 15~30 d），排干水后亩用 2.5%五氟磺草胺可分散油悬浮剂 50~60 mL + 10%氰氟草酯乳油 60 mL 或者 17%五氟·氰氟草可分散油悬浮剂适量，加水 45 kg 均匀喷雾，药后 24 h 复水，并保持 5~7 d。对前期失治或稗草仍较多的田块，可根据稗草草龄适当增加用药量进行补治，阔叶草较多的田块再加 48%灭草松水剂 100 mL/亩。

切实抓好小麦赤霉病的预防工作

赤霉病是小麦穗期的重要病害，属于典型的气候型病害，具有爆发性、间歇性的特点，其发生程度主要取决于穗期的气候条件，如遇小麦抽穗至扬花期气温高、雨水多或者潮湿多雾的天气，将十分有利于赤霉病发生和流行，应以预防为主。

2020 年前期气温偏高，小麦生育期较往年明显提早，目前余姚市部分早播小麦已经破口，预计小麦将在 3 月下旬至 4 月上旬陆续进入齐穗扬花期，如果气候条件适合，极易引起小麦赤霉病流行，各地应引起重视，坚持“看天打药”，切实做好小麦赤霉病的预防工作。

防治意见如下。

防治策略：预防小麦赤霉病，兼治蚜虫。

防治时间：做到“见花打药”，即小麦开始扬花就要用药，第 1 次药后如遇连续阴雨天气每隔 7~10 d 防治一次赤霉病。

防治药剂：43%戊唑醇悬浮剂 20 mL/亩，加水 30~45 kg 均匀喷雾，对白粉病有较好的兼治效果。

小麦后期易遭蚜虫为害，特别是生长嫩绿的小麦，2020 年前期气温高，部分田块虫量较高，兼治蚜虫可加入 70%吡虫啉水分散粒剂 4 g/亩。

切实做好灌水杀蛹工作，压低一代二化螟发生基数

近年来水稻二化螟抗药性问题日益突出，由于缺乏高效对口的替代药剂，防治难度越来越大，二化螟为害越来越重，特别是单双季混栽区，发生尤为严重，一代二化螟已经连续多年大发生，对水稻生产安全构成严重威胁。据余姚市农业技术推广服务总站 3 月 18 日马渚、阳明等地剥查，2020 年二化螟稻桩越冬平均虫量为 3 587条/亩，接近 2019 年的 3 810条/亩，个别田块残留虫量仍较高，达 12 096条/亩，预计 2020 年一代二化螟局部大发生，各地应引起重视，切实抓好防控工作。当前，早稻育秧已经开始，冬闲田陆续翻耕，具体可采用以下措施降低二化螟发生基数。

一、灌水杀蛹

利用二化螟的生物习性，在它化蛹气孔开放状态下，灌水将其杀死，从源头上大大减少二化螟的越冬虫量，减轻对水稻的为

害。在越冬二化螟化蛹高峰期（4月中下旬至5月上旬），对冬闲田进行翻耕，将残留稻桩、稻草翻入土中，并灌水淹没，保持7~10 d，杀灭越冬代虫蛹，降低虫口基数。

二、性信息素诱杀

有条件的地方可利用二化螟性信息素诱杀越冬代成虫，需100亩以上连片使用，平均每亩设1个诱捕器，每个诱捕器间距20~30 m，采用外密内疏的布局，诱捕器放置高度为底部高于地面50~80 cm，放置时间为越冬代二化螟羽化始期（4月上旬）。

三、种植诱虫植物和显花植物

有条件的地方可在机耕路两侧种植香根草，诱集二化螟产卵，以减少对水稻的为害，同时田埂可种植芝麻、大豆等显花植物，为天敌提供食料和栖境，提高二化螟天敌数量。

早稻移栽田化学除草技术意见

早稻移栽陆续开始，各地应及时开展早稻移栽田化学除草工作，以达到控制草害的目的，为早稻丰收打下坚实基础。

（1）小苗移栽田（抛秧和机插），亩用50%苄嘧·苯噻酰可湿性粉剂40~60 g或者37.5%苄·丁可湿性粉剂100 g。

（2）大苗移栽田（手插），亩用30%苄·乙可湿性粉剂20 g，适用于秧龄30 d以上的移栽大田。

以上药剂为亩用药量，于移栽后5~7 d（耙田后2 d内移栽）拌尿素5~10 kg均匀撒施。施药前要求田间有浅水层（田水

3~5 cm，以不露泥，不淹没心叶为准)，药后保持浅水层 5~7 d。

(3) 五氟磺草胺可分散油悬浮剂+氰氟草酯乳油或五氟·氰氟草可分散油悬浮剂。移栽后 20~30 d（稗草 2~3 叶期)，排干田水后亩用 2.5%五氟磺草胺可分散油悬浮剂 50~60 mL+10%氰氟草酯乳油 60 mL 或者 17%五氟·氰氟草可分散油悬浮剂适量，加水 30~45 kg 均匀喷雾，隔天复水，并保持浅水层 5~7 d。对前期失治或稗草仍较多的田块，可根据稗草草龄适当增加用药量进行补治，耳叶水苋等阔叶草较多的田块再加 48%灭草松水剂 100 mL/亩。

晚稻种子处理及化学除草技术意见

一、种子处理

1. 浸种

可用 25%氰烯菌酯悬浮剂 2 000倍液浸种，即每毫升药剂加水 2 kg，先搅拌均匀形成药液后，再浸入干种子，干种子与药液的比例控制在 1.0∶1.3 左右，浸入稻种后再次搅拌均匀，捞去上浮瘪谷。浸种时间：常规稻种浸 48 h，杂交稻酌情缩短浸种时间，捞起沥干后不冲洗直接催芽、播种。单用氰烯菌酯悬浮剂效果不佳的地方，可采用氰烯菌酯悬浮剂与咪鲜胺乳油复配浸种，具体可用 25%氰烯菌酯悬浮剂+25%咪鲜胺乳油 2 000倍液浸种，即 25%氰烯菌酯悬浮剂和 25%咪鲜胺乳油各 1 mL 加水 2 kg。

2. 拌种

鸟雀为害重的地方，可在催芽后播种前，每 5 kg 稻种加 35%丁硫克百威种子处理干粉剂 20 g 拌种，拌种前必须保持谷种表面湿润，充分拌匀后播种，要防止鸡、鸭等家禽误食拌药后的种子。

二、化学除草

1. 秧田

播种塌谷后当天，亩用17.2%苄嘧·哌草丹可湿性粉剂250~300 g。催芽播种的秧田，还可在播种后第2~3 d，亩用40%苄嘧·丙草胺可湿性粉剂60 g，加水30 kg/亩均匀喷雾，施药时必须保持土壤湿润，喷药后保持秧沟有水，秧板湿润。

2. 直播田

（1）清除老草。翻耕前7~10 d，亩用30%草甘膦水剂400 mL，加水30 kg均匀喷雾。

（2）土壤封闭。催芽播种塌谷后2~3 d，亩用40%苄嘧·丙草胺可湿性粉剂60 g加水30 kg均匀喷雾，施药时必须保持土壤湿润，用药后保持秧沟有水，田面湿润。特别注意，种子必须先催芽再播种。

（3）茎叶处理。在稗草2~3叶期（播种后10~12 d），亩用2.5%五氟磺草胺可分散油悬浮剂50~60 mL+10%氰氟草酯乳油60 mL、17%五氟·氰氟草可分散油悬浮剂适量或10%噁唑·氰氟乳油120~150 mL，加水30 kg均匀细喷雾，喷药前排干水，喷药后第2 d复水并保持5~7 d，以水控草。阔叶杂草较多的田块，混用48%灭草松水剂100 mL或46% 2甲·灭草松可溶液剂75 mL/亩。

3. 移栽大田

移栽后5~7 d，机插及抛秧田亩用50%苄嘧·苯噻酰可湿性粉剂50~60 g或37.5%苄·丁可湿性粉剂100 g，手插移栽大田亩用30%苄·乙可湿性粉剂20 g，拌尿素适量均匀撒施，施药后保持薄水层5~7 d。

4. 补治措施

对前期失治的田块，仍可按茎叶处理的方法进行补治，随着施药时间推迟，草龄增大，应适当增加用药量。水竹叶、矮慈姑等恶性阔叶草较多的单季稻田可用3%氯氟吡啶酯悬浮剂50 mL/亩进行防治。

三、注意事项

（1）用烯效唑浸种的秧田，推荐使用17.2%苄嘧·哌草丹可湿性粉剂，秧苗4叶前，禁用二氯喹啉酸。

（2）稻田使用除草剂，施药适期内宜早不宜迟，要求做到田块平整，耙田后2 d内播种移栽，药前排干水，均匀喷雾，不漏喷不重喷。

（3）10%噁唑·氰氟乳油使用时需谨慎，其不能与吡嘧磺隆、苄嘧磺隆、2甲4氯等混用，不可机动低容量弥雾，亩兑水量需30 kg以上均匀喷雾，早稻田禁用，杂交稻慎用。

（4）46%2甲·灭草松可溶液剂应在秧苗4叶期以后使用，避免产生药害现象。

（5）喷施除草剂应在无风或微风的条件下进行，防止药液飘移引起其他作物药害。

一代螟虫发生趋势与防治意见

根据越冬虫量剥查、灯诱、性诱以及田间调查情况，结合

2020年早稻种植和天气趋势等综合分析，预测2020年一代螟虫总体中偏重发生，部分田块大发生，发生期早于2019年，地区间、田块间差异大。

一、发生趋势

1. 发生期

前峰出现比2019年早5 d左右。灯诱：马渚点5月2—4日、5月8—9出现蛾峰，蛾量分别为390、311头；临山点5月8—9日出现蛾峰，蛾量为270头；三七市点5月2日、5月8—9日出现蛾峰，蛾量分别达103、619头；牟山点4月29日至5月3日、5月8—9日出现蛾峰，蛾量分别为451、282头；朗霞点5月3日、5月8日出现蛾峰，蛾量为48、97头。性诱：三七市点4月30日至5月4日、5月9日出现高峰，蛾量分别为179、29.3头/诱捕器；朗霞点5月3日、5月11—12日出现蛾峰，虫量为14.7、32.3头/诱捕器；牟山点4月29—30日、5月7—9日出现蛾峰，虫量为54.3、27.7头/诱捕器。预计一代二化螟前峰田间卵孵高峰在5月16日前后，早于2019年。随着油菜、小麦的收割，后期还将有较大的尾峰出现。

2. 发生量

根椐稻桩越冬虫量剥查，2020年二化螟平均残留量为3 587条/亩，接近2019年的3 810条/亩，低于2018年的8 652条/亩。灯下虫量：截至5月10日朗霞点264头（2019年同期为57头），牟山点924头（2019年同期为252头）。田间一代螟虫以二化螟为主，地区间、田块间发生极不平衡，当前枯鞘团主要出现在虫源田周边的早插早发一类型早稻田以及插花田，集中为害趋势明显，机插重于直播。5 月 11—12 日三七市、马渚等地调查，平均枯鞘团 70.6 个/亩（0～336），平均枯鞘丛率 1.73%（0～9%），株率 0.51%（0～2.31%），个别早插田块发生较重。5 月 11 日牟山点调查，早插早播田块平均枯鞘团 77.8 个/亩（42.0～117.5），平均卵块 33.7 个/亩（18.80～5.05）。预计田间枯鞘团将继续增加。

二、防治意见

1. 防治策略

一代二化螟虫源田多，蛾期长，早稻田间虫量差异极大，集中危害趋势明显，各地必须高度重视，采取“狠治一代，压基数”的防治策略，加强田间调查，因地制宜，做好分类防治，切实做到早插早播早防治。

2. 防治时间与对象

第 1 次 5 月 16—18 日，对象田为虫源田周边的早插（播）早发田块及插花田。第 2 次 5 月 25—27 日，对象田为所有早稻田，普防一次。

3. 防治药剂

10%阿维 · 甲虫肼悬浮剂或 34%乙多 · 甲氧虫悬浮剂，虫量高的田块或抗性高的区域适当增加用药量或再加适量阿维菌素乳油。

上述药剂任选一种，加水 30 kg/亩均匀喷雾，药前上寸水，药后保水 5～7 d。5 月 25—27 日防治时早插（播）早发田块可结合预防水稻纹枯病，混用 19%啶氧 · 丙环唑悬浮剂或者 32.5%苯甲 · 嘧菌酯悬浮剂或 24%噻呋酰胺悬浮剂。

由于二化螟对双酰胺类等药剂已经产生较高抗性，应避免使用，而目前缺乏防治二化螟的高效对口药剂，因此药后要及时做好防效调查及补治工作。二化螟不同代次间轮换使用不同作用机理的药剂进行防治，以延缓抗药性的产生。

早稻中后期病虫发生趋势与防治意见

目前早稻即将破口抽穗，正是早稻产量形成的关键时期，也是病虫防治的关键时期。

一、发生情况

1. 稻纵卷叶螟

2020年三（1）稻纵卷叶螟迁入早，迁入量大，灯下初见为5月9日。灯下：马渚点6月7—9日出现高峰，累计诱虫80头；三七市点6月6—8日累计诱虫130头；朗霞点6月4日突增，6月8—10日累计诱蛾135头，预计6月15日左右田间将出现卵孵高峰。6月10日调查，平均卵量1.75万粒/亩（1.1～3.6）。当前田间蛾量仍较高，预计卵量还将继续上升。

2. 纹枯病

2020年余姚市5月29日已经入梅，较往年提早十几天，近期雨水雨日增多，气温偏高，高温高湿的环境条件非常有利于纹枯病的发生蔓延，特别是直播稻，播种量大，田间密度高，纹枯病容易重发。6月11日调查，纹枯病平均病丛率1.3%（0～3%），平均病株率0.78%（0～1.67%）。6月10日牟山点调查，重发田块纹枯病平均病丛率18.6%，平均病株率10.3%。预计纹枯病将迅速上升，必须切实做好防控工作。

3. 二化螟

经过前期防治，二化螟都到有效控制。当前田间虫量差异极大，个别失治漏治田块二化螟残留虫量高，虫龄乱，6月10日调查，重发田块枯心率达8.9%，必须及时做好补治工作。

4. 稻飞虱

白背飞虱灯下初见为5月19日，6月3—6日出现迁入峰，累计诱虫144只。目前田间以白背飞虱为主。6月11日调查，平均虫量4.5万只/亩（1.2~8.2），其中白背飞虱4万只/亩，灰飞虱0.5万只/亩，略高于2019年同期。

二、防治意见

1. 防治策略

2020年入梅早，梅期长，对稻纵卷叶螟和纹枯病的发生都非常有利。早稻主治稻纵卷叶螟，预防纹枯病，兼治白背飞虱，失治漏治田块补治二化螟。

2. 防治时间

6月14—16日。

3. 防治药剂

稻纵卷叶螟：20%氯虫苯甲酰胺悬浮剂10 mL/亩、6%阿维·氯苯酰悬浮剂40 mL/亩。

纹枯病：30%肟菌·戊唑醇悬浮剂40 mL/亩、19%啶氧·丙环唑悬浮剂70 mL/亩、24%噻呋酰胺悬浮剂20 mL/亩、19%丙环·嘧菌酯悬浮剂50 mL/亩。

白背飞虱：70%吡虫啉水分散粒剂4 g/亩。

上述药剂各任选一种，加水 45 kg 均匀喷雾。二化螟前期失治漏治田块残留虫量较高，为害较重，应立即做好补治工作。

及时做好农药废弃包装物和废弃农膜的回收，杜绝乱扔乱弃。

单季稻前期病虫发生趋势及防治意见

一代二化螟经防治为害得到有效控制，但是部分早稻田残留虫量仍然偏高，预测二代二化螟总体中等偏重发生，部分地区大发生，主要为害单季稻，发生期较 2019 年提早 5 d 左右，四（2）代稻纵卷叶螟中等偏重发生。

一、发生情况

1. 二化螟

2020 年二化螟灯下虫量高，蛾峰持续时间长，防控压力大。灯诱：马渚点 6 月 17 日开始蛾子突增，日诱蛾量 118 只，6 月 22 日、6 月 24—28 日出现蛾峰，诱蛾量分别为 370、1 881只，其中 6 月 28 日诱蛾 541 只；三七市点 6 月 16—17 日出现蛾峰，诱蛾 837 只，6 月 19—28 日累计诱蛾 4 385只，日诱蛾量均在 250 只以上，其中 6 月 23 日诱蛾 862 只；朗霞点 6 月 22—23 日、6 月 26—29 日出现蛾峰，蛾量分别为 331 只、905 只，其中 6 月 28 日诱蛾 312 只；牟山点 6 月 23—36 日出现蛾峰，蛾量分别为 103 只。性诱：三七市点 6 月 28 日出现高峰，诱虫量为 39 只/诱捕器。预计 7 月 6 日左右田间将出现二代二化螟卵孵高峰。目前，单季稻田间枯鞘已经出现，主要集中在单双混栽区早插早发的一类型田块，尤其是杂交稻。7 月 2 日马渚、泗门等地调查，平均枯鞘团 107.8 个/亩（0.0～266.8），平均枯鞘丛率 1.1%（0%～4%），平均枯鞘株率 0.33%（0.00%～0.77%）。7 月 1 日牟山点调查，平均枯鞘团 62.2 个/亩（0～120）。早稻收割在即，二化螟成虫将继续迁移到单季稻危害，预测田间枯鞘将会继续增加。

2. 稻纵卷叶螟

2020 年稻纵卷叶螟迁入早，迁入量大。灯下：三七市 6 月 23 日出现蛾峰，蛾量为 272 只；朗霞点 6 月 22—25 日出现蛾峰，蛾量为 306 只。当前，稻纵卷叶螟主要集中在嫩绿单季稻，部分田块虫卵量较高。7 月 2 日调查，平均卵量 0.6 万粒/亩；7 月 1 日，牟山点调查平均卵量 2.8 万粒/亩（0.0～7.6）。当前正处梅季，雨水多，气温适宜，非常有利于卷叶螟的迁入为害，预计田块虫卵量将进一步上升。

3. 稻飞虱

灯下迁入虫量较少，田间以白背飞虱为主，部分田块卵量偏高。7 月 2 日调查，平均虫量 1.5 万只/亩（0.8～2.6），平均卵量 126.6 万粒/亩（60.5～186.5），远高于 2019 年同期的 5 万粒/亩。早稻即将收割，稻飞虱将陆续迁入单季稻田和连晚秧田危害，由于白背飞虱能传播南方水稻黑条矮缩病，因此必须抓住秧苗期这个关键时期，切实做好“治虫防病”工作。

二、防治意见

1. 防治策略

主治二化螟、稻纵卷叶螟，兼治白背飞虱、叶蝉、稻蓟马。

单季稻播栽期长，水稻长势参差不齐，应根据早插早播早防治的原则，因地制宜开展防控工作。

2. 防治时间与对象

第1次于7月6—8日早插早发单季稻防治一次；第2次于7月14—16日单季稻普遍防治一次二化螟。

3. 防治药剂

10%阿维·甲虫肼悬浮剂80~100 mL+70%吡虫啉水分散粒剂4 g/亩；34%乙多·甲氧虫悬浮剂30 mL+70%吡虫啉水分散粒剂4 g/亩。

上述配方任选一种，加水30~45 kg均匀喷雾。特别早的单季稻可加入24%噻呋酰胺悬浮剂20 mL/亩预防纹枯病。必须早晚用药，避开高温时段，确保人身安全。及时做好农药废弃包装物和废弃农膜的回收，杜绝乱扔乱弃。

当前单季稻病虫发生趋势与防治意见

一、发生情况

1. 二化螟

二化螟虫量大，峰期长，7月18日左右又有较大尾峰出现。灯诱：朗霞点7月18—19日出现蛾峰，诱蛾250只；马渚点7月15—18日出现蛾峰，诱蛾510只。性诱：三七市点7月20日出现蛾峰，诱蛾21.3只/诱捕器。预计7月底田间还将出现二化螟卵孵高峰。经过前期防治，田间二化螟危害基本得到控制，但是由于防治时间、防治药剂、施药质量等因素，田间虫量差异非常大，部分田块残留虫量高，虫龄乱，特别是单双混栽区，尤其是杂交稻，集中为害明显。7 月 27 日调查，平均枯鞘丛率 7.3%（0.9%~26.0%），平均枯鞘株率 1.2%（0.2%~5.3%）。2020 年早稻收割推迟，二化螟有效转化率高，大量蛾子转移到单季稻产卵为害，必须继续做好二化螟防治工作。

2. 稻纵卷叶螟

2020 年稻纵卷叶螟迁入早，迁入量大，前期气候条件非常适宜，为害明显重于 2019 年同期。灯下：朗霞点 7 月 7—26 日累计诱蛾 6 237只，日均诱蛾 300 只以上；三七市点 7 月 5—27 日累计诱蛾 2 774只，其中 7 月 19 日诱蛾 340 只；马渚点 7 月 5—26 日累计诱蛾 2 379只，其中 7 月 18 日诱蛾 652 只。性诱：朗霞点 7 月 24 日出现蛾峰，诱蛾 21.3 只/诱捕器；三七市点 7 月 24 日出现蛾峰，诱蛾 38.3 只/诱捕器。预计 7 月底田间将出现卵孵高峰。当前部分田块虫卵量偏高，虫龄乱，7 月 27 日调查，单季稻平均卵量 6.2 万粒/亩（1.7~13.4），孵化率为 51.5%，部分重发田块百丛卷苞 342 个。7 月 24 日牟山点调查，平均卵量 5.5 万粒/亩（2.4~8.8），预计田间虫卵量将进一步上升。

3. 稻飞虱

灯下无明显迁入高峰。目前，田间白背飞虱、褐飞虱、灰飞虱混发，部分田块虫卵量较高。7 月 27 日调查，平均虫量 4.6 万只/亩（0.6~12.9），平均卵量 25 万粒/亩（0.0~201.6），2019 年同期为 18.8 万粒/亩；7 月 24 日牟山点调查，平均卵量 4.3 万粒/亩（0~12）。稻飞虱繁殖力强，易暴发成灾，必须按照“治三、压四、控五”的策略，做好前期防治工作，以压低基数。

4. 纹枯病

2020年梅期长，雨水多，纹枯病发生较早。7月27日调查，平均病丛率为5%（0%~8%），平均病株率为2.44%（0.00%~4.17%），重于2019年同期，必须切实抓好预防工作。

二、防治意见

（1）防治策略。单季稻主治二化螟、稻纵卷叶螟、稻飞虱，预防纹枯病。由于单季稻播栽期长，水稻长势参差不齐，应根据早插早播早防治的原则，因地制宜开展防控工作。

（2）防治对象。单季稻。

（3）防治时间。7月30日至8月3日。

（4）防治药剂。二化螟、稻纵卷叶螟：10%阿维·甲虫肼悬浮剂80~100 mL/亩、34%乙多·甲氧虫悬浮剂30 mL/亩。部分插种早、长势好、前期失治的田块二化螟残留虫量高、虫龄乱，隔7~10 d再防治一次二化螟，防治时建议再加适量阿维菌素乳油或甲维盐水分散粒剂以提高防效。稻飞虱：10%三氟苯嘧啶悬浮剂16 mL/亩、60%吡蚜酮水分散粒剂16 g/亩。纹枯病：24%噻呋酰胺悬浮剂20 mL/亩。

上述药剂各任选一种，加水30~45 kg均匀喷雾，施药时，田间保持薄水层。阿维菌素乳油的单剂或混剂应在傍晚用药。高温天气必须早晚用药，避开高温时段，确保人身安全。及时做好农药废弃包装物和废弃农膜的回收，杜绝乱扔乱弃。

及时抓好水稻白叶枯病的预防工作

一、发生情况

水稻白叶枯病是一种为害较重的细菌性病害，主要通过风雨、露水、灌溉水等传播，水稻受害导致叶片干枯、秕谷增加、米质下降，一般减产10%~30%，严重可达50%以上，甚至绝收。余姚市水稻白叶枯病已经有近30年未发生，但是近两年白叶枯病在余姚市呈抬头上升趋势，分析主要原因是大面积种植感病品种及品种抗性退化，机械化收割后稻草还田促进病原积累，台风暴雨致使水稻秧田淹水及叶片受损等。8月11日马渚调查时发现部分前期受淹田块已经发生白叶枯病，主要品种为嘉禾218和中嘉8号。水稻细菌性病害重在“预防”，因此受淹田块和感病品种要及时用药全面预防，对于已发病或出现新的发病中心的田块要进行重点防治，以防止扩散和蔓延。

二、防治意见

（1）防治对象。受淹田块、感病品种、已发病田块。

（2）防治时间。立即开展防治，已发病田块隔5~7 d防治第2次。

（3）防治药剂。20%噻唑锌悬浮剂125 mL或20%噻菌铜悬浮剂100~130 mL或3%噻霉酮微乳剂60~100 mL/亩。

上述药剂任选一种加水30~45 kg均匀细喷雾，建议在傍晚防治白叶枯病，避免早晨有菌脓时打药，避开高温时段，注意用药安全。及时做好农药废弃包装物和废弃农膜的回收，杜绝乱扔乱弃。

晚稻中后期病虫发生趋势及防治意见

当前余姚市单季稻普遍处于拔节孕穗期，即将破口抽穗，正是稻飞虱、白叶枯病等水稻病虫的多发期，更是稻曲病、穗颈瘟等穗部病害预防的关键期，必须切实做好水稻病虫害防控工作。

一、发生情况

1. 稻飞虱

2020 年褐飞虱迁入时间早，迁入量大，截至 8 月 16 日马渚点累计诱虫 734 只，其中 8 月 9—10 日诱虫 120 只，8 月 13 日诱虫 76 只；朗霞点累计诱虫 226 只，均高于 2019 年同期水平。当前田间以褐飞虱为主，虫龄主要为低龄若虫，部分田块虫卵量较高，且短翅型成虫比例偏高。8 月 14—17 日马渚、朗霞、阳明、三七市等地调查，单季稻平均虫量 13.9 万只/亩（0.3~66.3），其中褐飞虱占 91.6%，平均卵量 192.4 万粒/亩（8.4~1406.2）；8 月 17 日牟山点调查，连晚平均卵量 42.1 万粒/亩（0~135）。田间虫卵量差异极大，个别前期失治漏治田块虫卵量很高，有吃塌冒穿风险，需密切关注六（4）褐飞虱发生情况，防止局部大发生。

2. 二化螟

灯诱：朗霞点 8 月 10—14 日出现蛾峰，累计诱蛾 2 559只，三七市点 8 月 14—15 日诱蛾 244 只，牟山点 8 月 16 日诱蛾 33

只。性诱：三七市点8月13日出现高峰，诱蛾56.3只/诱捕器，朗霞点8月13日诱蛾12.7只/诱捕器，预计8月下旬田间将出现二化螟卵孵高峰。经过前期防治，二化螟危害基本得到控制，8月14日调查，单季稻平均枯鞘丛率2.8%（0%~7%），平均枯鞘株率0.43%（0.00%~1.19%），但是地区间、田块间差异很大，个别失治田块残留虫量仍然较高，必须继续做好防治工作。

3. 稻纵卷叶螟

灯诱：8月9—11日三七市点出现蛾峰，累计诱蛾1 440只；朗霞点8月5—11日累计诱蛾2 534只。性诱：三七市点8月13日出现蛾峰，诱蛾73.3只/诱捕器。田间赶蛾：8月10出现蛾峰，平均蛾量560只/亩。当前田间卵量较低，8月14日调查，单季稻平均未孵卵量1.4万粒/亩（0.0~6.7）；8月17日牟山点调查，连晚平均卵量2.8万粒/亩（2~8）。近期受持续高温控制，不利于卵的孵化，卷叶螟主要为害早插连晚和迟嫩单季稻。

4. 稻瘟病

稻瘟病特别是穗颈瘟，一旦发生，可能颗粒无收，对水稻产量构成严重威胁。个别感病品种已经发现叶瘟，目前大部分单季稻即将破口，正是预防的关键时期，感病品种须做好预防工作。

5. 穗期综合征

如穗期遇多雨雾天气，极易引起病害流行，必须抓住破口前这一关键时期切实做好稻曲病等穗期综合征的预防工作。

6. 白叶枯病

2019年台风“黑格比”后，马渚、朗霞、牟山等地出现白叶枯病，主要发病品种为嘉禾218、中嘉8号，白叶枯病在余姚市有抬头上升趋势，台风暴雨后易流行成灾，需切实做好预防工作。

二、防治意见

（1）防治策略。单季稻主治稻飞虱、二化螟、稻纵卷叶螟、纹枯病，预防稻曲病等穗期综合征，感病品种预防穗颈瘟；连晚嫩绿田块防治稻飞虱、稻纵卷叶螟，预防纹枯病；受淹田块、感病品种、已发病田块继续预防白叶枯病。

（2）防治对象。单季稻、连晚嫩绿田块。

（3）防治时间。8月22—24日。

（4）单季稻防治药剂。二化螟、稻纵卷叶螟：10%阿维·甲虫肼悬浮剂80~100 mL/亩、34%乙多·甲氧虫悬浮剂30 mL/亩，以上药剂可混配适量阿维菌素乳油或甲维盐水分散粒剂以提高药效。稻飞虱：10%三氟苯嘧啶悬浮剂16 mL/亩、60%吡蚜酮水分散粒剂16 g/亩。纹枯病及穗期综合征：19%啶氧·丙环唑悬浮剂70 mL/亩、40%肟菌·戊唑醇悬浮剂40 mL/亩、32.5%苯甲·嘧菌酯悬浮剂40 mL/亩。

上述药剂各任选一种，兑水45 kg，均匀喷雾。感病品种预防穗颈瘟，再加入75%三环唑水分散粒剂30 g/亩。杂交稻适当增加药液量。

（5）连晚嫩绿田块防治药剂。6%阿维·氯苯酰悬浮剂40 mL+60%吡蚜酮水分散粒剂16 g+24%噻呋酰胺悬浮剂20 mL/亩，兑水30 kg均匀喷雾。单季稻及连晚受淹田块、感病品种、已发病田块继续预防白叶枯病，药剂可选用40%噻唑锌悬浮剂60 mL或20%噻菌铜悬浮剂100~130 mL或3%噻霉酮微乳剂60~100 mL/亩。高温天气必须早晚用药，避开高温时段，确保人身安全。及时做好农药使用后的废弃包装物的回收，杜绝乱扔乱弃。

褐飞虱、白叶枯病防治警报

一、发生情况

1. 褐飞虱

经过前期防治，褐飞虱虫量得到有效控制，大部分田块虫卵量较少，个别失治漏治田块虫卵量很高，且虫龄大，成虫比例高，田间虫卵量差异极大。据8月25—26日，牟山、兰江等地调查，平均虫量12.3万只/亩，幅度0~48万只/亩；失治漏治田块平均虫量287.1万只/亩，幅度90.0万~614.4万只/亩，个别田块已串顶点塌。近期天气条件有利于褐飞虱迁入，易与前期虫源叠加为害，加上近年来大量使用阿维菌素，田间天敌锐减，稻飞虱自然控制作用减弱，当前水稻生育期及气候条件十分有利于褐飞虱的繁殖，极易在短期内爆发成灾，必须高度重视。

2. 白叶枯病

由于前期不良气候影响，兰江、阳明、马渚、低塘等多个乡镇（街道）已经出现白叶枯病，主要发病品种为嘉禾218、甬优15、甬优1540等，个别田块发病严重。白叶枯病近两年在余姚市有上升趋势，台风暴雨后易流行成灾，对水稻生产构成严重威胁，必须切实做好预防工作。

二、防治意见

1. 防治对象田

（1）褐飞虱。失治漏治田块立即补治，治后复查。

（2）白叶枯病。发病田块及周边田块和感病品种及时预防白叶枯病。

2. 防治药剂

（1）褐飞虱。60%吡蚜酮水分散粒剂 16 g+10%烯啶虫胺水剂 50 mL/亩、10%三氟苯嘧啶悬浮剂 16 mL/亩。失治漏治田块虫量高，虫龄大，防治时适当增加药液量。上述药剂任选一种，兑水均匀喷雾。防治技术要求：一是要喷足药液量，杂交稻亩用水量 75 kg 以上，常规单季稻用水量 50 kg 以上；二是甬优等杂交稻，生物量大，应适当增加用药量；三是确保药剂对口，避免使用混剂，停用吡虫啉，严禁使用菊酯类农药。

（2）白叶枯病。40%噻唑锌悬浮剂 60 mL 或 20%噻菌铜悬浮剂 100~130 mL 或 3%噻霉酮微乳剂 60~100 mL/亩。上述药剂任选一种加水 30~45 kg 均匀细喷雾，发病田块做好田水管理，防止串灌，引起病害蔓延。高温天气必须早晚用药，避开高温时段，确保人身安全。及时做好农药使用后的废弃包装物的回收，杜绝乱扔乱弃

晚稻穗期病虫发生趋势及防治意见

目前稻飞虱田间虫量上升非常快，部分田块虫量很高，呈大发生态势。

一、发生情况

1. 稻飞虱

8 月底灯下褐飞虱虫量高，朗霞点 8 月 27—30 日出现高峰，

累计诱虫7 175只，其中8月29日诱虫4 000只；马渚点8月27日诱虫412只；牟山点8月30日诱虫285只，预计9月6日左右田间将出现低龄若虫高峰。经过前期防治，目前田间虫量差异非常大，部分田块虫卵量很高，而且短翅型成虫比例也偏高。8月31日至9月2日调查，防治较好的田块平均虫量7.6万只/亩（0～36）；失治漏治田块平均虫量231.2万只/亩（51.6～667.5），卵量达591万粒/亩（307～875），个别田块已串顶点塌。9月3日牟山点调查，单季稻平均虫量73.7万只/亩（55.8～85.2），平均卵量225.3万粒/亩（108～480）；连晚平均虫量1.2万只/亩，平均卵量86万粒/亩（24～162）。田间虫量上升非常迅速，多为褐飞虱初孵若虫，近期气候和田间食料条件非常有利于褐飞虱的生长繁殖，极易在短时间内暴发成灾，必须高度重视，切实做好防控工作。

2. 二化螟

灯诱：8月中下旬以来灯下蛾量一直持续偏高，朗霞点8月10—30日累计诱蛾6 880只，日均诱蛾量在300只以上；三七市点8月27—28日出现高峰，诱蛾307只；牟山点8月27—29日诱蛾58只。性诱：三七市点8月24日出现蛾峰，分别诱蛾17只/诱捕器，牟山点8月29日诱蛾11.7只/诱捕器，预计9月上旬田间将出现二化螟卵孵高峰。经前期防治，田间虫量地区间、田块间差异极大，单双混栽区部分田块发生较重，残留虫量较高，虫龄杂乱，尤其是杂交稻，须继续做好防治工作。

3. 稻纵卷叶螟

2020年前期发生量大，峰次多。目前田间蛾子主要集中在嫩绿单季稻和连晚上，部分田块虫卵量较高。9月3调查，连晚平均卵量4.1万粒/亩（1.6~5.4），高于2019年同期的1.7万粒/亩，近期气候条件有利于卷叶螟的进一步为害，预测田间虫卵量将进一步上升。

4. 稻瘟病及穗期综合征

稻瘟病是水稻三大病害之首，特别是穗颈瘟，一旦发生，可能颗粒无收，对水稻产量构成严重威胁。近期气温下降，雨水较多，穗颈瘟在感病品种上有流行的可能。目前常规单季正处破口抽穗期，正是预防的关键时期，必高度重视，充分认识稻瘟病危害的严重性，克服麻痹思想，扎实做好稻瘟病的防控工作，同时也要抓住这一关键时期做好稻曲病等穗期综合征的预防。

5. 白叶枯病

2020年在兰江、马渚、阳明、低塘等多地发生，发病品种主要为嘉禾218、甬优15、甬优1540等，部分田块发生较重，台风暴雨后易流行成灾，须做好预防工作。

二、防治意见

（1）防治策略。主治稻飞虱、二化螟，预防纹枯病、穗期综合征，兼治稻纵卷叶螟，感病品种预防穗颈瘟，初病田块及周边田块和感病品种预防白叶枯病。

（2）防治时间。9月6—8日。

（3）防治对象。单季稻、连晚。

（4）防治药剂。稻飞虱：10%三氟苯嘧啶悬浮剂16 mL/亩、60%吡蚜酮水分散粒剂24 g/亩，虫量多、虫龄大的田块防治时适当增加用药量，并加入适量烯啶虫胺水剂以提高防效。稻飞虱防治时需粗喷雾，用足水量，不建议使用植保无人机开展防治。

二化螟、稻纵卷叶螟：10%阿维·甲虫肼悬浮剂 80~100 mL/亩、34%乙多·甲氧虫悬浮剂 30 mL/亩。

纹枯病及穗期综合征：30%苯甲·丙环唑乳油 25 mL/亩。上述药剂各任选一种加水 45 kg 均匀喷雾，杂交稻生物量大，施药时相应增加药液量。

稻瘟病老病区及感病品种抓住破口期这一关键时期及时预防穗颈瘟，每亩用 75%三环唑水分散粒剂 30 g。

白叶枯病发病田块及周边田块和感病品种预防白叶枯病可用 40%噻唑锌悬浮剂 60 mL 或 20%噻菌铜悬浮剂 100~130 mL 或 3%噻霉酮微乳剂 60~100 mL/亩，加水 30~45 kg 均匀细喷雾，发病田块做好田水管理，防止串灌，引起病害蔓延。

露水干后施药，避开中午扬花时段。及时做好农药废弃包装物和废弃农膜的回收，杜绝乱扔乱弃。

晚稻后期病虫发生趋势及防治意见

一、发生情况

1. 褐飞虱

2020 年褐飞虱部分田块大发生。灯下朗霞点 9 月 19—20 日出现高峰，累计诱虫 695 只，预计 9 月下旬田间将出现初孵若虫高峰。经过前期防治，当前田间虫量差异极大，大多数田块虫卵量较低，但是仍有部分农户抱有侥幸心理，未及时开展防治，部分前期失治漏治田块虫卵量非常高，尤其是杂交稻，面临吃倒风险。9 月 22 日调查，单季稻平均虫量 23.2 万只/亩（0.2~

220.0)，平均卵量 56.2 万粒/亩（0~242），失治漏治田块虫量达 220 万只/亩，个别田块已经出现窜顶点塌现象；连晚平均虫量 22.7 万只/亩（0.0~132.6），平均卵量 38.6 万粒/亩（0.0~80.6）。9 月 21 日牟山点调查，单季稻平均虫量 23.5 万只/亩（3.2~80.0），连晚平均虫量 21.6 万只/亩（3.2~60.0）。近期气候条件有利于褐飞虱繁殖与为害，预计虫量将进一步增加，极易在短期内爆发成灾，必须高度重视，切实做好防控工作。

2. 二化螟

灯下三七市点 9 月 16 日出现高峰，诱蛾 316 只，马渚点 9 月 17 日诱蛾 50 只，预计 9 月下旬田间将出现卵孵高峰。经前期防治，田间二化螟为害得到有效控制，但个别失治漏治田块危害较重，残留虫量较高，必须继续做好防控工作，以减少二化螟越冬基数，减轻 2021 年防控压力。

二、防治意见

（1）防治策略。单季稻及连晚普治褐飞虱、二化螟，连晚预防穗期综合征。

（2）防治对象。单季稻、连晚

（3）防治时间。9 月 26—28 日。

（4）防治药剂。褐飞虱：10%三氟苯嘧啶悬浮剂 16 mL/亩、60%吡蚜酮水分散粒剂 24 g/亩，失治漏治田块虫量高，虫龄大，防治时加入适量烯啶虫胺水剂，并适当增加药液量。二化螟：10%阿维·甲虫肼悬浮剂 80~100 mL/亩、34%乙多·甲氧虫悬浮剂 30 mL/亩。

上述药剂各任选一种，加水 45~60 kg 均匀喷雾，杂交稻生物量大，且褐飞虱、二化螟均在水稻基部为害，防治时相应增加药液量，田间灌薄水，喷雾方式采用粗喷雾，用足水量，不建议使用植保无人机开展防治。褐飞虱虫量特别高的失治漏治田块要尽早防治，药剂可用敌敌畏乳油拌沙土撒施，撒施前须放干田水。连晚预防穗期综合征再加入30%苯甲·丙环唑乳油25 mL/亩。连晚避开中午扬花时间喷药，注意用药安全。及时做好农药废弃包装物和废弃农膜的回收，杜绝乱扔乱弃。

冬种作物病虫防控和化学除草技术意见

小麦、油菜是余姚市冬种生产的主要作物，目前，晚稻已经开始收割，冬种生产即将开始，做好冬前粮油作物病虫草害防控工作，对于压低病虫越冬基数，减轻2021年春化作物病虫草为害，确保春化作物丰收具有十分重要的意义。

一、抓好大小麦种子处理

做好播种前的种子处理，对于控制种传病害和麦苗前期病害至关重要，具有事半功倍的效果。

1. 选用抗病品种

通过选用抗病品种，来有效遏制小麦赤霉病的流行，注意不能选用2020年发病田块的自留种。

2. 拌种

可用25%三唑酮可湿性粉剂50 g或6%戊唑醇悬浮种衣剂25~30 mL，兑少量水搅匀后，拌麦种50 kg，充分拌匀后适当摊晾，然后播种。

二、做好苗期虫害防治

油菜秧苗有蚜株率达3%~5%或移栽后有蚜株达10%以上时，用70%吡虫啉水分散粒剂4 g/亩兑水30 kg均匀喷雾，预防病毒病。

三、开展化学除草

1. 麦田化学除草技术

（1）免耕麦田播种前除草。在麦田播种前5~7 d，亩用41%草甘膦水剂150~200 mL，兑水30 kg均匀喷雾，以消灭老草，兼治灰飞虱可加入60%吡蚜酮水分散粒剂16 g/亩。

（2）播后苗期除草。在播后至麦苗2叶1心期或杂草2叶1心期前，亩用50%异丙隆可湿性粉剂100~125 g，兑水40 kg均匀喷雾，使用时要注意寒潮影响，在冷尾暖头施药，避免产生药害。小麦田还可在杂草2~4叶期，亩用15%炔草酯可湿性粉剂20 g，兑水30~45 kg均匀喷雾，大麦田禁用炔草酯，阔叶杂草发生重的麦田可加10%苯磺隆可湿性粉剂15~20 g/亩。麦田禁止使用含有甲磺隆和绿磺隆成分的长残效除草剂。

2. 油菜田化学除草技术

（1）油菜移栽前消灭老草。在移栽前5~7 d，亩用41%草甘膦水剂150~200 mL，兑水30~40 kg均匀喷雾。

（2）杂草芽期封杀。移栽前或移栽后杂草出土前，亩用50%乙草胺乳油70 mL或用90%乙草胺乳油30~40 mL，兑水30~40 kg均匀喷雾，土壤干燥时需适当加大用水量，以提高对杂草的封杀效果。

（3）茎叶处理。以禾本科杂草为主的田块，在杂草 3～4 叶期，亩用 5%精喹禾灵乳油 45～60 mL 或用 10.8%高效氟吡甲禾灵乳油 25～30 mL，兑水 30～40 kg 均匀喷雾。以阔叶杂草为主的田块，可在杂草 2～3 叶期，油菜返青后，亩用 50%草除灵悬浮剂 30～40 mL，兑水 30～40 kg 均匀喷雾。禾本科杂草与阔叶杂草混合重发油菜田，可选用草除灵与精喹禾灵复配的药剂进行防除，在移栽后 7～10 d，杂草在 2～4 叶期时，亩用 17.5%精喹·草除灵乳油 90～120 mL，兑水 30～40 kg 喷雾。草除灵及其复配制剂不宜在白菜型和芥菜型的油菜田使用，并应在气温 8 ℃以上时使用为宜，否则易产生药害。

3. 绿肥田化学除草技术

在看麦娘等禾本科杂草 2～3 叶期，亩用 5%精喹禾灵乳油 45～60 mL 或 10.8%高效氟吡甲禾灵乳油 20～25 mL，兑水 30～40 kg 均匀喷雾。